William
Walker
Atkinsin

頂尖業務員都是心理學家

心理學大師親傳，
讓客戶無法拒絕的
銷售心理聖經

PSYCHOLOGY of SALESMANSHIP

——最厲害的冠軍銷售業務員贏在了解顧客的每個心理反應——

威廉・沃克・阿特金森——著
張家瑞——譯

目錄

第一章　商業與心理學為何密不可分／7

銷售商品——無論是透過個人或透過廣告或展示——的整個過程，實際上是一個心理過程，而這個過程取決於購買者受到誘導的心理狀態，然後這些心理狀態又只受到某些確立的心理學原理的誘導。無論是業務員或廣告客戶，不管他們了不了解，他們都在把心理學原理應用在吸引注意力、引起興趣、創造慾望和推動購買者意願上。

第二章　業務員的心理／25

在開始思考業務員的心理之前，我們要先了解到，他的個性和人格是取決於他的心理的。他的個性包含了他個人心理特質或特性。他的人格就是他個性的慣常外在表現。個性和人格都是可以修正、改變和改善的。

第六章 接洽／151
推銷的首要心理要素，是給購買者的第一印象，而第一印象必須是討喜的那種。必定不能有製造負面印象的事情發生，因為這在接洽中會使購買者的注意力從原本的目的偏移到激發他不悅印象的特殊事物上。

第七章 實物示範／175
實物示範階段的重點在於，應該把條列敘述變成一則有趣的故事，或是一個寫實的事件。用中立的態度講述，避免讓客戶覺得你在暗示要賣東西給他。你要在腦海中受到商品優點的鼓舞，讓這一部分的談話完全出自於你由衷的熱忱。

第八章 結案／201
業務員必須一方面當心過早的結案，另一方面要避免在做心理推銷後反而讓他打消了購買的念頭。許多人都容易犯下其中一種錯誤，但理想的業務員知道這兩者之間的平衡點在哪裡。

第一章

商業與心理學為何密不可分

直到最近幾年，只要提到「心理學」和商業的關係，通常的反應就是聳聳肩，意味深長的挑起眉毛——然後換個話題。心理學在以前是課餘話題，或者被認為是一種與精神有關的題材，再不然，就是可能與異常現象相關、一般被歸類為「超自然」的題材。一般商人對於把課堂上的題材引進商業中，或是關於心靈的思索、遠見的理論和故事，或者普遍的「幽靈」，都表現得極為反感——因為這些在他的觀念裡，都是「心理學」的東西。

不過對商人來說，事情將有所改變。近年來，商人已經聽過許多關於商場心理學的事情，也讀過關於這個題材的一些消息。他現在了解，心理學的意思是「心理的科學」，不一定等於形上學或「心靈學」。他更清楚理解的事實是，心理學在商業中佔了一個最重要的部分，非常值得他花時間去熟悉它的基本原理。事實上，如果他在這個題材上曾經充分思考過，那麼他就會了解，銷售商品——無論是透過個人或透過廣告或展示——的整個過程，實際上是一個心理過程，而這個過程取決於購買者受到誘導的心理狀態，然後這些心理狀態又只受到某些確立的心理學原理的誘導。無論是業務員或廣告客戶，不管他們了不了解，他們都在把心理學原理運用在吸引注意力、引起興趣、創造欲望和推動購買者意願之上。

銷售和廣告方面的權威專家現在認同這個事實，並且也在他們的文章中強調。喬治．法蘭奇（George French）在他的著作《廣告的藝術與科學》中提到關於廣告的心理學：「所以我們可以拋開怪謬的字眼，只要承認，如果我們了解一個人，我們就能夠更容易地把東西賣給他。但是，我們不可能了解每一個我們想把商品賣給他的人，因此我們必須思考，到底有沒有眾人皆適用的思考和行為方法。假如我們能夠找到支配人的心理行為的定律，我們就知道怎麼去吸引這些人。我們知道如何吸引張三，因為我們了解張三；我們知道什麼能取悅李四，因為我們了解李四；我們知道怎麼與王五相處，因為我們了解王五。廣告業者必須知道的是，在不了解張三、李四、王五他們任何一個人的情況下，如何觸及他們的內心。雖然每一個人都有自己的特質，而且每一個人的心理都有它應付生活事務的獨到方法，但是在很大的程度上，每個人和其心理都受到他出生之前就已經建立好的偏好和思維運作的控制，而這兩者又是與他的性格分開運作的。我們的心理，比我們願意承認的更具慣性、更機械化。我們在廣義上稱為心理的東西，主要是由完全與聰明才智或道德動機或個性分離的生理條件所控制的癖好的自動表現。這些生理條件，以及使廣告業者得以運用它們的知識相加，形成了有些人喜歡稱之為心理學的新知識主體——就廣告而言。」法蘭奇漂亮地說明了，為什麼心理學在商業中佔有重要的地位。當然，他所說的是，跟個人推銷術一樣可行的廣告推銷術——有著同樣的原理，而且在兩種案例中都能起作用。

為了使讀者更加清楚心理學原理在銷售商品中運作的完整概念，我們會提到一些含有這些原理的特殊的例子。每位讀者一旦留意到某個事件，便能回想起許多類似的例子。

著名的心理學權威海列克教授（Prof. Halleck）說：「商人說，獲取注意力的能力，往往是人生成功的秘訣。有能力寫出必定能吸引目光的廣告文案的人，賺取了可觀的薪資。有位出版商說，有一本絕佳的作品，因為它無法吸引許多人注意，僅賣出五千本，如果代理商有大力促銷，引起人們注意的話，同時間應該能賣掉兩萬五千本。藥房老闆說，只要廣告能強而有力的攫取大家的目光，什麼樣的專利藥物都賣得掉。商業生活幾乎已經完全變成一個擔保吸引大眾注目光的戰場。」

關於概念聯想的效應，海列克教授說：「一位著名的哲學家說過，一個人完全受到他自己概念聯想的擺布。每當人們遇到一個新的目標，都會從它所引發的聯想去看它……概念聯想的原理，足以造成流行的改變。在南部城市的一位女士有一頂她特別喜愛的帽子，直到有一天，她看到三個黑人女性戴了一模一樣的帽子，她就再也不戴著那頂帽子出門。當服裝的樣式變得『普遍』而且較低階層的人也穿戴時，就會被時尚的人們拋棄。絕對令人反感的時尚，當被受歡迎的人或著名的人採用時，往往會被接受……了解概念聯想的力量，這種知識在商業中是至為重要的。有個人把他的商店規劃得很完善，所以從店員的態度到設備和窗簾等，關於商店的一切都很令人滿意。另一家商店卻有著令人不愉快的聯想……當睡帽第一次出現時，狡猾的帽商請來一位衣冠楚楚、頗得眾望的大學生，表示可以提供他店裡最好的帽子，而且由他自己選擇——如果他願意戴著睡帽三天的話。大學生當場反對這樣的親自展示，直到他被帽商打動，帽商擔保用這種方法，能使那些帽子在整個鎮上蔚為流行。當大學生第一次戴著睡帽出現在校園裡時，他因為怪模怪樣而遭受嘲笑。但是到了下午，他的一些朋友覺得，那頂帽子看來很好，值得他們投資。在接下來的一天裡，有一大堆人做出了同樣的結論。在此之後有一段時間，帽商甚至很難保持足夠的庫存。當初要是由一個不受歡迎或穿著邋遢的人戴著那頂帽子出現在校園裡，結果應該是截然不同的。帽子是一樣的，但是聯想的方向會不同。在歐洲大城市裡有些時尚的女性，不向女帽製造商諮詢，而是靠自己選擇了廉價但很漂亮的馬尼拉麻春帽。帽商發現他們高價的帽子因為缺乏需求都變成庫存。他們召開會議，買下大量的廉價帽，然後提供給鎮上的女性清潔工和拾荒者穿戴。隔天，當時尚的婦女一踏出家門時，很驚訝的發現城市裡到處都看得到戴著跟她們同款帽子的掃街女工。沒花多久時間，情況就達到了女帽製造商想要的結果。」

在當代作家之前所發行的一部作品中，揭露了心理暗示在廣告方面的效果。

「直接命令」（如同「廣告人」所稱）的使用非常普遍。在這些廣告中，人們被明確告知去做某事。有人告訴他們「今晚帶一塊辛淇汀香皂回家，你的太太需要它！」然後他們就照著做了。或者他們看到一隻長毛象從一面招牌裡伸出手指著他們，而且幾乎聽到它在說著招牌上所寫的字：「嘿！你！抽漢尼多雪茄，它們是有史以來最棒的！」如果第一次你奮力反抗命令，也許之後你會在每個轉角和高牆上看到不斷向你投擲而來的暗示而投降，然後，「漢尼多」就變成你最喜歡的品牌，直到有其他的暗示擄獲你。記住，權威性和反覆的暗示，那就是商業用來影響你的！在廣告學校裡，他們把這個叫做「直接命令」。在廣告中，還有其他微妙的暗示。你看到廣告牌、報紙和雜誌上的每一吋空間似乎都在跟你說：「你想吃快克脆餅」之類的——結果你通常就默默的順從了。還有，有人不斷告訴你「嬰兒吵著要漢金奶奶的嬰兒奶嘴」，然後當你聽到嬰兒的哭嚎聲，你就想起有人告訴過你他們吵著要什麼，於是你跑去買了一個「漢金奶奶」的嬰兒奶嘴。接著你聽人家說某種雪茄的大小和品質「很奢華」，或者某種可可「好喝又提神」，或者某種品牌的香皂「純度是九九．九九九％」……等等。就在昨晚，我看到一個新的廣告——「某人喝的威士忌很順口」，然後車上每個癮君子都咂嘴想著在他嘴裡和喉嚨裡的那種「順口」的感覺。它很「順口」——那是一種想法，而不是具體的東西。有的威士忌男士所呈現的畫面是一只玻璃杯、一個瓶子、一些冰塊和一個蘇打瓶，再加上幾個字：「熟齡男人的威士忌蘇打——就是這樣！」所有的這些都是暗示，而且其中有些影響力很強大，尤其是以不斷重複的方式在腦海裡加深印象……。我知道有的大盤商在處理春季的貨品時，為了強打當季商品而在櫥窗裡堆滿了預留的存貨。我看過帽商為了推動草帽季，而把稻草塞在自己、店員和一些朋友身上。稀稀落落的「稻草」給了街上的人們一點暗示，於是草帽季就順利展開了。

一位在暗示和聯想方面的權威，赫伯特・派金博士（Herbert Parkyn），描述一位零售商因為悲觀的心理態度所導致的負面心理影響而遭受折磨。本篇作者可以擔保派金博士所描述的故事的準確性，因為他知道派金博士對那位零售商原本的描述：

「他是附近城市裡的一位商店業主，但是這樣的故事——幾乎令我沮喪到難以啟齒！他的櫥窗，年復一年掛著同樣老舊的告示牌，也沒有對於一個跟得上時代的營業場所來說不可或缺的討喜外觀。但是，那個地方所呈現出來的氣氛，就跟店主的心情一樣。在三十年前開始做生意的時候，他雇用了八個店員。儘管周遭競爭者的生意每年都在穩定成長，他的生意卻是一落千丈，最後他只好靠自己做所有的工作，而且現在幾乎付不起店租。我第一次遇見他的時候，在十五分鐘的對話裡，他告訴我他所有的問題，真是多的不得了。根據他的故事，自從他開始做生意之後，每個人都試過要打倒他。他的競爭者會使用不公平的方法做生意；他的房東提高租金，就是想盡辦法要趕走他；他找不到誠實的店員來看店；老人得不到跟年輕人一樣平等的機會；他不懂，為什麼他忠實地去滿足的人們，是那麼的不領情或不忠誠，會去光顧每一個跟他做著同樣生意的暴發戶；他以為自己可以獨自工作，就像當時的情況一樣，從早到晚，沒有假日，直到他被趕到救濟院或死掉，還有，雖然他十五年來如一日，但是當他需要朋友的時候，卻沒有一個可以請求的對象……等等。雖然在公務期間我曾偶爾拜訪過他許多次，但我從來沒聽他對顧客說過一句令人開心或鼓舞的話。另一方面，他服務顧客不只是用漠不關心的態度，而且很顯然，好像讓他們到店裡買東西是他在施惠一樣。而路過的人想要借用電話或打聽附近的住戶，從他的態度和答案馬上就了解，他認為他們在找麻煩，希望他們不要把他的商店當成詢問處。我故意把他引導到其他的話題上，結果還是一樣；在他眼裡，一切都完了——整個城市，整個國家……。不管談論什麼，他的結論都充滿了悲觀。他很容易把他的情況歸咎於每件事、每個人。當我冒險暗示他，他的問題來自於他的態度時，他馬上就要趕我走……如果反之，他能夠有幾個禮拜不求報答地做好事，四處報以微笑，或者對顧客說些愉快鼓勵的話，那麼，顧客對於這樣的施惠當然會感到舒服，然後他們會千倍的報答他。只要他能夠假裝自己很富有，而且也讓他的商店產生繁榮的氣氛，那麼他能讓那個地方對顧客來說，變得多有吸引力、多有魅力啊！如果他能假裝進到他店裡的每個人都是客人，不管對方買不買東西，當人們想要他店裡有賣的產品時，就會再度回來。我可以提出一百種方法，教這位男士運用暗示或自我暗示來提升業績，吸引朋友，而不是把人趕走，並且讓他在這個世界上活得更好、更快樂。」

但或許你會問，這一切跟推銷心理學有什麼關係——廣告、商店展示、個人態度等等，跟推銷術有什麼關係？就是有關係，這些東西所依據的基礎原理都跟推銷術一樣，而這些基礎原理就是心理學的基礎原理。以上所提到的都與心理學有關——一切都是心理學的效應。一切取決於心理態度、提供的暗示、被誘發的心理狀態、意願的動機——所有這些表現出來的東西，都只是受到內在心理狀態影響的結果。

J．W．甘乃迪（J. W. Kennedy）在《精明廣告》（Judicious Advertising）中說過：「廣告就是一種紙上推銷術；單純的賺錢，意味著迅速銷售商品。那個『神秘的東西』只不過是一種印刷的說服文字，它的別名是『販售信念』。有一些文案寫手可以隨心所欲地傳授信念，因為他們曾仔細地研究過誘發信念的思維過程。每一篇廣告的任務，是要將讀者轉變成買家。」在同一篇期刊裡，吉奧・戴爾斯（Geo. Dyers）說道：「廣告會考量潛意識裡的印象、透過眼睛接收到的暗示與聯想的各種層面、直接命令的心理學——無論我們對這些詞彙如何感到不確定，它們全部值得認真考量、嚴肅看待。」賽思・布朗（Seth Brown）在《推銷術》中說道：「創作一則能夠販售商品的廣告，需要人類在寫作這一方面的發展。他必須了解控制注意力、興趣、欲望和信念的不同力量。購買者想要你的商品，因為它們能為他帶來某種明確的效果或結果。廣告人要牢記的，就是這種結果。」

「但是，」你也許會說：「說到底，這種『心理學』看起來跟我們一直了解的『人性』沒兩樣——這沒什麼新鮮的。」沒錯，就是這樣！心理學是關於人類天性的內在科學。人性完全仰賴心理上的進展——它與心理活動有著密切的聯繫。關於人類天性的研究，就是人們心理的研究。雖然人性的研究很駁雜，有點像是漫無目標的摸索，但是，根據已確立的心理學原理，心理的研究就是科學研究的本質，而且是依據科學方法進行的。

近似於心理學的人性研究，尤其是在推銷術的層面，已經變成了一門科學。推銷術從頭到尾都是一個心理學題材，銷售過程的每一個步驟，都是心理過程。業務員的心理狀態和心理表達，顧客的心理狀態和心理表達，引起注意力、喚起好奇心或興趣、創造欲望、滿足理由和推動意願的過程——所有的這些都是純粹的心理過程，而研究這些項目就變成了心理學研究的分支。在櫃台、貨架上或商店的櫥窗裡、或路邊業務員手上的商品展示，一定都要依據心理學的原理。業務員的論點，必定不能只是合乎邏輯而已，還必須精心安排和以言詞表達，以引起可能的購買者心理的某些感覺或官能反應——這就是心理學。最後，在銷售的尾聲，目標是喚起購買者的意願，產生最後有利於賣家的行動——這也是心理學。從業務員登場到最後銷售的結案，每一個步驟都是心理學過程。根據已確立的心理學原理和規則，推銷是依據心理狀況所做出的心理行為和反應。推銷術實際上是一門心理科學，這是大家都必須承認的事——只要在這個主題上做過合乎邏輯的思考就能理解。有些人因為它的新奇和陌生而反對「心理學」這一詞，就這件事情而言，我們並不想在詞彙上那麼計較。就讓他們繼續擁護「人性」的舊說法，不管怎樣，「人性」實際上就是心理。一個死掉的人、睡著的人、恍神的人，或者一個白痴，不會展現出「人性」——就這一詞通常的用法而言。一個人在能夠展現出「人性」之前，和在他能夠訴諸於符合一般原則的「人性」之前，他必須是活生生的、十分清醒，而且具有感官知覺。「人性」脫離不了心理，我們盡力試過了。

我們不曾有片刻想要暗示，推銷術需完全仰賴於心理學的知識，其中當然還有其他的相關因素。舉例來說，業務員在自己的產品、季節、與他這行有關的流行趨勢，和某些族群對某些商品的接受度等方面，必須具備實用的知識。就算我們對於這些最後是否與人的心理有關，並且承認它們可以獨立於心理學之外暫且不爭辯，但是，假如業務員違反了銷售的心理學原理，所有的這些論據將變得一文不值。給這樣的人最好的商品、讓他用最好的房子、教他關於貿易和商品所需的充分知識，然後派他去販售那些商品，結果會是，他的業績遠不如配備比他差得多、但懂得推銷心理學的人——無論是憑直覺或後天取得的。

由於推銷術的本質在於運用適當的心理學原理，因此，要業務員了解關於人類的心理（在他職業生涯中必須不斷使用的工具），難道不是當務之急嗎？業務員難道不該像音樂家、技師、工匠、藝術家一樣，要對自己的工具具備相關的知識？想成為專業劍術家但缺乏擊劍知識的人，或是想成為拳擊手但不精於拳擊原理的人，別人會怎麼看他？業務員的工具，就是他自己的心理和顧客的心理。業務員應該讓自己徹底熟悉這兩者。

第二章

業務員的心理

在推銷心理學上有兩個重要的元素，即「業務員的心理」和「購買者的心理」。待販售的商品將這兩種心理連結起來，或是購成這兩者的共通點，而這兩者在這個共通點上必定是契合、協調，且達成共識的。推銷本身就是這兩種心理結合及協議的結果——它們之間行為與反應的產物。現在讓我們繼續思考這兩個重要的元素——與推銷術過程有關的兩種心理。

在開始思考業務員的心理之前，我們要先了解到，他的個性和人格是取決於他的心理的。他的個性包含了他的個人心理特質或特性。他的人格就是他個性的慣常外在表現。個性和人格都是可以修正、改變和改善的。每個人都有一個放在核心的東西，它就叫做「我」，能夠命令和展現一個人在個性和人格上的改變。也許會有人振振有詞的爭辯說，一個人就是他各種特質的組合，別無其他。然而，在每個人真實「我」的意識裡，必定有某種超越和落後於這些特質的東西，而且這些特質可能因此受到調節。我們並未企圖引導讀者進入形上學的迷宮或哲學的圈套中，我們只想使讀者牢記，一個人意識核心最深處的這個神秘「我」的心理狀態的真相，沒有人能夠決定它的本質，但是當它得到完全的實現時，它會賦予一個人做夢也想不到的力氣和力量。

自我發展和自我改善值得每個人去追求，以喚起對內在的這個「我」的清楚理解，對於這個「我」來說，每種機能、每種特質、每種特性，都是表現和展現它的工具。真實的「你」並不是人格的特性或特徵（人格有時候會改變），而是一個永恆不變的核心和人格變化的背景——歷經所有變化的東西，但是你只知道它是「我」。在這類叢書裡有一本書叫做《新心理學》（*The New Psychology*），在「自我，或自己」那一章，我們對此有詳盡的討論。進一步的說明將會超出本書的範疇，但是我們從前述的篇章裡引用以下內容，希望能換取讀者的諒解。因為我們覺得，實現這個「我」對想要掌握自己心理並創造自己人格的每個人來說，是最為重要的。引文如下：

「『我』的意識在人格之上——那是一種與個人不可分離的東西……『我』的意識是一種真實的體驗，差不多就像是意識到你眼前的那一頁……新心理學的整個主題都與『我』的認知有著密切關聯——它圍繞著這個『我』就像輪子繞著它的中心旋轉一樣。我們把心理機能、力量、器官、特質和表達的形式視為僅僅是這個美妙的東西（自己，純粹的自我）——即『我』——的一些表達工具、手段或管道。這就是新心理學所要傳達的訊息——你，也就是『我』，有一堆奇妙的心理工具、器具、裝置供你差遣，如果運用得宜，能讓你創造任何一種你所渴望的人格。你是能夠成就你所想要的自我的偉大工匠，但是，在你能夠珍惜這個真相之前（在你能夠擁有它之前）、在你能夠運用它之前，你必須認知及了解你就是這個奇妙的『我』。而身體、知覺、甚至是心理本身，都不過是表達的管道罷了。你不只是這個軀體、或知覺、或心理——你是那個奇妙的東西，掌握了所有這一切。但是，對於這個東西，你所能說的就只有一句話：『是我』。」

不過，千萬記住，對自我的這層理解不代表自我中心或自大，或是你的個性或人格與他人的比較。這是自我本位，而不是自我中心——自我本位的意思是對這種「主控意識」的理解，所有其他的心理機能都要臣服於它。如果你想幫它取個別的名字，你可以把這個「我」視為「意志的意志」，因為它正是意志力的本質—可以這麼說，它就是它自己的意志意識。透過這樣的理解你會發現，培養你所缺乏的心理特質和約束不良的特質，變得簡單多了。仔細理解查爾斯．朱米斯（Charles F. Jummis）所寫的一段文字中，也許能夠得到這個觀念的精神：「我沒事。我比發生在我身上的任何事情還要強大，所有的這些事情都在我的門外，而且鑰匙在我手上！」

業務員最不可或缺的心理特質，可以說明如下：

一、自我尊重。培養自我尊重的機能，對於業務員來說是很重要的一點。我們指的並不是自我中心、自負、傲慢、跋扈、高傲、勢利等等，所有這些都是負面的特質。與它們相反的自我尊重，透露出真正的男子或女子氣概、自力更生、正直、勇敢和獨立的觀念。它正是印地安頭目布萊克．霍克（Black Hawk）所具備的精神，他抬起頭對傑克森*說：「我是個人！」這與烏利亞．希普（Uriah Heep）†如「塵土之蟲」般巴結、奉承的心理態度完全相反，後者不斷聲稱自己是多麼多麼的謙卑。學習不畏縮地以雙眼看世界，拋開對群眾的恐懼，以及自己配不上的感覺。學習去相信自己、尊重自己。讓你的座右銘變成：「我可以，我願意，我敢，我會！」

---

* 美國第七任總統。

† 小說《塊肉餘生記》中的角色，為書中反派。

自我尊重是恐懼感、畏縮、自卑感及其他負面感覺的可靠解藥，那些感覺有時在業務員準備與某個「大人物」會面的時候，壓抑著他。記住，一個人的人格只不過是一張面具，在面具之後就只有一個跟你一樣的「我」，如此而已。記住，在「張三」那部分的你背後，存在著與「不可一世的大人物」那部分的他背後一樣的「我」。記住，你是要接近人的人，不是要接近神的蟲。記住如吉普林（Kipling）[*]所說的：「上校夫人和茱蒂・歐格雷迪在不同的外表下，是一模一樣的姐妹。」[†]所以在人格、地位和外貌的表相下，你和大人物的孿生「我」也是如此。藉著培養對「我」的理解（如之前所提到的），你會獲得一種新的自我尊重的感覺，而這種感覺會讓你在別人面前不再產生害羞、自卑和恐懼感。除非一個人能尊重他自己，否則他不能期望別人尊重他。他應該建立起自己真實的個體性，並且尊重它，小心謹慎，永遠不要被自我中心、虛榮等類似的愚昧人格拉到「歧路」上。有資格受到尊重的不是你的人格，而是遠遠與人格不同的**個體性**。人格屬於人的外在，而個體性屬於內在。

一個人的生理舉止和態度，容易依據他自己的心理態度而反應，也給了他面前的人這樣的印象。在心理和身體之間，必定有著行為和反應的關係。心理狀態是以生理行為做為表現的形式，而生理行為會依據心理而反應，然後影響到心理狀態。一再地皺眉，你便會覺得想生氣；微笑，你便會覺得愉快。看待自己像個人，你就會覺得自己像個人。關於推銷的適當舉止，卡爾．皮爾斯（Carl H. Pierce）說：「記住，你不是在請人幫忙，你不需要為任何事情道歉，你有絕對的理由抬頭挺胸。而提升業績，就是抬頭挺胸所帶來令人驚喜的好處。我們看過業務員堂而皇之的進入百老匯買主的辦公室，就是靠著頭抬挺胸的氣勢。規則是：讓你的耳垂位於

---

* 魯德亞德．吉普林，英國詩人。

† 出自吉普林的詩集《營房謠》。

肩膀正上方，那麼自耳朵以下的垂直線，剛好容納住你的身體。注意，頭不要向左偏或向右偏，要保持端正。這是許多人會犯的錯誤，尤其是在等待可能的顧客結束某件重要的公務時，會把頭往左或往右偏，這是自暴其短。一項對人類的研究揭露，強者從不歪著頭，他們的頭完美的端放在可靠的頸子上；肩膀輕鬆但牢靠地擺在正確的位置，顯示出他們保持平衡的完美力道。換句話說，他們身體的每一個線條，都讓人想到結實的挑夫。」

因此，你不僅要培養內在的自我尊重感，還要培養代表心理狀態的外在表現。如此，你才能保障在身體和心理間的行為和反應，能夠帶來益處。

二、沉著。業務員應該培養沉著的個性，它所顯現出來的是均衡、平穩和自在。沉著是一種能夠在各種機能、感覺、情緒和傾向之間維持自然均衡的心理特質。這就是在主張「我」是這些心理狀態、感覺和行為的主人暨控制者。沉著使一個人能夠正確地在心理上取得均衡，而不會允許他的感覺或情緒一發不可收拾。沉著能讓一個人做自己的主人，一方面既不「越界」，另一方面也不會「少根筋」。沉著能使一個人「好好地掌握自己」。能夠保持沉著的人，便擁有力量，因為他從不失了分寸，最後總是成為局勢中的贏家。你聽說過或看過陀螺儀嗎？那是一種特殊的小型機械裝置，有一個置於框架裡的轉輪，特殊之處在於那個轉輪的設計和作用，當它轉動的時候，永遠能保持平衡和均衡。無論那個小機械怎麼轉，它總是能維持自己的平衡。未來在航空導航和單軌鐵路上，它可能佔有重要的地位。

重點來了——你要成為一個**心理陀螺儀**。培養能夠自動幫你保持平衡，並且找到心理重力之核心的心理特質。我的意思並不是你必須變成一個自認為超高尚且自命不凡或道貌岸然的討厭鬼。相反的，在態度和舉止上要永遠保持自然。重點是，永遠保持你的平衡和心理控制，而不要讓你的感覺或情緒難以收拾。沉著意味著主導，缺乏沉著意味著奴從。如愛德華・卡本特（Edward Carpenter）*所說：「要遇到一個人真不容易！但是，我們是多麼常看到一個活生生的東西受到專制思想（或喜好或欲望）的逼迫，在鞭子下蜷曲、畏縮——還是，也許他很自豪地聽從甩著韁繩的駕駛人快樂地奔跑，並且說服自己說，他是自由的。」沉著就是心理陀螺儀——讓它保持良好的運作秩序。

三、愉悅。「開朗、愉悅和快樂」的心理態度和外在表現，是業務員獲致成功的條件。「好抱怨」是一種負面人格，幾乎比其他任何特質更容易使人厭惡。愉悅的態度和心理狀況非常受歡迎，以致於人們往往對於具備這種特質的人特別偏心，而且容易忽視有功勞但「愛抱怨」的人，卻偏袒功勞較小但擁有「陽光」性格的人。「如南國艷陽般的人」大受喜愛，因為，不用等業務員把沉悶的氣氛強加在人們身上，這個世界上已經有夠多令人沮喪的事情。有位詩人說得好：

「你笑，世界就跟著你笑；
你哭，你便獨自哭泣。
因為這個悲傷的老地球需要歡笑，
它自己的煩惱已經夠多了。」

這個世界比較喜歡「快樂張三」而不喜歡「憂鬱李四」，所以會偏袒前者而疏遠後者。掃興的人是不受歡迎的，而努力「讓一點陽光照進來」的人，在所有場合永遠受到歡迎。樂觀和愉悅的精神——也許是無意識地——能夠創造出一種氣氛，使這種精神彌漫之處引人駐足。愉悅是會傳染的，也是一項最寶貴的資產。我們知道有些外表陽光的人，能為他所遇到的對象緩解緊張的情緒。我們聽過別人是這麼

＊ 英國社會主義詩人。

說這些人的：「我總是很開心能見到那個傢伙——他令我開朗起來。」這不表示一個人應該想盡辦法去成為專業的機智者、小丑、或喜劇演員——那不是重點。這種心理狀態和人格特質的基礎概念是愉悅、看事情光明面的性格，以及展現出如太陽綻放光芒般的心理狀態。所以，學習去發送你的愉悅。與其說這是一件用嘴巴說的問題，不如說它是一件想法上的問題。一個人的內在想法，會反映在他的外顯人格上。

所以，在你期望能夠展出現愉悅的外在特徵之前，你要先培養內在的愉悅。沒有什麼比虛偽的愉悅更可悲或失敗——那比過去十年裡的吟遊詩人笑話更糟糕。做一個愉悅的人，不是非得變成一個「好笑的人」不可。真正的愉悅氣氛，只能發自於內在。日本的上層階級會教導他們的孩子，無論發生什麼事，都要維持愉悅的性格和微笑的面容，即使已經心碎。他們認為這是他們那種社會階級的責任，也認為展現出任何其他的性格或情感，對一個人來說是最可恥的事，也是對他人的侮辱。

這種形成他們「武士道」部分禮教的理論在於，用自己的悲痛、憂傷、不幸或「抱怨」打擾他人，是無禮的行為。他們把憂傷和痛苦壓抑在自己的內心世界裡，在他人面前總是表現出愉悅和開朗的樣子。業務員最好要記住「武士道」精神——他在生意上會需要用到。要像避免瘟疫一樣的避免「抱怨」的心理狀態，不要做一個一味批評的人——因為批評者自有惡報。

四、禮貌。禮貌對業務員來說是一項珍貴的資產。不僅如此，它也是各行各業中紳士的特徵，亦是對自己和對他人應盡的本分。有禮和客氣，我們指的不是形式上或造假的外在行為和言辭——那是真實事情的偽裝——我們指的是尊重他人的態度，這才是內在教養和良好涵養的體現。有禮和客氣，不一定是正式的禮儀規則，而是一種對於他人處境的內在共鳴和理解，並且展現在有禮貌的風度上。每一個人都喜歡受到賞識和理解的對待，而且願意以類似的形式做相同的回報。一個人不需要為了有禮貌而變成拙劣的「馬屁精」。禮貌——真正的禮貌——是發自於內心的，幾乎不可能模仿得出來。它的精神可以用這樣的概念表達——試著去看每一個人的優點，然後對待那個人就像他的優點顯而易見般。對於你所接觸的人，如果他們確實展現了內在最高尚的優點，就要給予他們應得的對待態度、專注和尊重。

我們認識的最好的零售商之一，把他的成功歸因於他「站在顧客那一邊」的能力，也就是說，從顧客的角度去看事情，這成就了最有價值的共鳴理解。如果業務員能夠努力地把自己放到顧客的位置上，也許他就能以新的角度看事情，並因此獲得對顧客的理解，而這能促使他——那個業務員——對他的顧客展現出真實的禮貌。不過，有禮和客氣並不等於在心理或風度上卑躬屈膝、阿諛奉承的態度。真實的有禮和客氣，必須有其背景和支持，即自我尊重。

與禮貌類似的特質是機智，其定義是「所為所言正好是顧客所需或投合於顧客的特殊技巧或機敏，即良好的覺察力或識別力」。稍微思考一下就知道，機智必須仰賴對他人的觀點和心理態度的了解，這樣一來，假如一個人有開啟一個人心扉的鑰匙，他或許也能開啟另一個人的心扉。了解他人的處境，並且運用禮貌的真正精神，對建立機智的特質大有幫助。機智是處世智慧和黃金法則的奧妙結合：探索他人心理的能力，和對別人說話的方式就像——在同樣的狀況下——你希望別人對你說話的方式一樣的能力。一種叫做適應力的特性，或是調整自己以迎合環境和他人人格的功能，也屬於這個類別。適應力取決於了解他人處境的能力。如同一位作家所說：「無法與周圍環境和諧相處的人，看來他的內心也無法容納能與環境和諧相處的人。」當找到了了解他人心理的基本方針的時候，就能夠了解真實禮貌、機智和適應力的整個主題，並且運用於實務之上。

五、人性。這個特質與前面的主題密切相關。對於業務員來說，人性的知識非常重要。為了了解他人心理的運作，一個人必須做的是，不僅要了解相關的一般心理學原理，也要了解那些原理的特殊實證。自然生物可以分成許多類、種，而大部分的人可以依據其性情被歸類到特殊的類別裡。《新心理學》裡一項傑出的研究，以及面相術等著作裡關於人性的一般主題，對於剛起步了解人性的人來說是大有幫助的。不過，最佳的知識畢竟還是來自於透過自身經驗的觀察去測試和運用一般的原理。

在這部特別的作品中，關於人性的某些特點，我們有許多要說的——事實上，如我們之前所說，人性就是心理。以下的忠告，出自於著名的顱相學權威福勒教授（Prof. Fowler）之筆，要推薦給所有渴望獲得了解人性的能力的業務員：「仔細檢視人類的所有行為，以釐清他們行為的動機和主要動力。用敏銳的眼光檢視男人、女人、小孩等所有你遇見的人，就像你能夠把他們看個透徹一樣；要特別注意眼神，就像你能夠吸收它所傳達的訊息一樣。告訴你自己：是什麼官能在推動這樣的表達或行為；全神貫注於那個人的整體外觀、態度、語言和表現，然後把你自己投入到你所自然感受到的印象當中——也就是，把人性當做一種哲學和一種情操去研究，或者，當做是自己被這件事情打動了一樣的去研究。」

六、希望。業務員應該培養樂觀的人生觀，他應該誠摯期待好事情的到來，並且動身去實現這個期待。成功的人生，大多取決於一個能達到成功結果的心理態度和有信心的期望。誠摯的渴望、有信心的期望和堅決的行動——這就是獲致成功的三段鑰匙。思想透過行為來展現自己，我們則依照我們為自己創造出來的心理模式或模型而成長。環顧四周，你會發現，成功的人是那些擁有充滿希望的心理態度的人——他們在最困難的時刻和暫時性的逆境中，總是期待著希望的星辰。如果一個人永遠地失去了希望，他註定要失敗。希望是一直在驅策人向前、向上的動力，得到意志和決心支持的希望，幾乎是沒有敵手的。學習去看事情的光明面，相信自己終將成功。學習去向上看和向前看——記住這個格言：「眼光要高遠」。培養「橡皮球精神」，當你撞上愈硬的東西，你才能彈得愈高。我們往往透過一種微妙的心理學法則的運作，將我們的想法具體化。得到行動支持的「有信心的期望」，最後終將勝出。你要緊緊跟隨希望之星。

七、熱忱。很少人了解「熱忱」的真正意義，儘管他們也許在一般的談話中常常用到。熱忱的意義遠超過能量、活力、興趣和希望——它意味著「靈魂」在心理和生理行為上的表達。希臘人用這個詞來表示「鼓舞；受到神明驅使」，然後衍生出「受到神力或上天力量鼓舞」的意思。它的現代定義是：「點燃和煽動靈魂的熱情；熱烈的和想像的熱情或興趣；快樂或熱情的鮮活展現」等等。一個充滿熱忱的人，比較能夠發自「內心」地行動——那個部分就是我們所說的「靈魂」。在受到正確引導的熱忱中，有一種奇妙的力量，它不僅能喚起他內在的全部力量，也能感染別人的心理。心理狀態是會受到感染的，而熱忱就是最活躍的心理狀態之一。熱忱比任何其他心理狀態的外在表現都更接近於「靈魂力量」，它與振奮人心的音樂、詩和戲劇有關。我們可以從作家、演說者、辯論家、佈道者、歌手或詩人的字句中感受到它。熱忱可以被解析為被激勵的誠摯，如華特·穆迪（Walter D. Moody）所說：「人們將發現，所有具有個人魅力的人都非常誠摯，他們的極度誠摯就是魅力所在。」最好的權威人士都同意，熱忱就是個人魅力的有效要素。

有一位老作家說得好：「我們都會發射出充滿自我本質的光環、靈氣或暈圈，只有敏感的人才知道，我們的狗和其他寵物也會這樣，飢餓的獅子或老虎也會，猴子、蒼蠅、蛇和昆蟲，只要我們想得到的都會。我們有些人是具有魅力的，但有些人則否。我們有些人溫暖、迷人、容易啟發愛心和建立友誼，而有些人冷漠、聰明、深思熟慮、理性，但缺乏魅力。讓一個屬於後者、有學問的人向群眾發表演說，人們很快就會厭煩他的講道，然後呈現出昏昏欲睡的樣子。他對大眾說話，但是沒有說到心坎裡——他令大眾思考，而不是去感覺，這對大多數人來說是最令人厭倦的。很少有成功的演說家只會讓大眾去思考——他們想要的是感受。人們會慷慨的付出，以求得感受或是笑，但是對於讓他們思考的指導或演說，他們連一分錢都要吝惜。群眾並不喜歡前述那種有學問的人，寧願演講者是一個教育程度不很高，但是非常有愛心、圓滑且令人愉快的人，雖然邏輯能力和學識只有第一個人的九成，可是這樣的人能夠輕而易舉地吸引群眾，而且大家也都十分清醒，銘記每一件從他嘴裡講出來的事情；理由很明顯。這是用心戰勝頭腦，靈魂戰勝邏輯，而靈魂必定贏得每一次勝利。」如紐曼（Newman）所說：「思考並不具備說服的力量。人心受到觸動，往往不是透過理性，而是透過想像力，透過直接印象，透過事實和事件的考驗，透過歷史，透過描述。我們受人們影響，我們受外表壓抑，我們受行為煽動。」熱忱為人們增添一種我們稱做「生命」的獨到特質，這種特質在業務員的人格中構成了相當重要的一部分。我們在前面將熱忱解析為被激勵的誠摯——好好思考這個解析，然後領會它的內在意涵。「熱忱」這一詞本身就很具激勵性——當你覺得沈悶的要死的時候，觀想它，並且讓它激發你去感覺它所表達的意思。只要想到它，就是一種刺激！

八、毅力。業務員所需要的特質是頑強的毅力、堅持，與堅忍不拔。一定要培養這種如鬥牛犬般的特質，也一定要培養「我」可以，「我」願意的精神。毅力包含了好幾種組成機能。首先是鬥志，或是「對付」阻礙的特質。它是所有堅強的性格中一種突出的特質，它展現出勇氣、膽量、耐力、反抗力，以及與反抗力戰鬥而不輕易屈服的性格。

與這種機能有關的是另一個負有不當惡名的「破壞」特質，它給人的印象是打倒阻礙、破除障礙、勇往直前、一馬當先、堅守立場等等，這是一個赤手空拳打天下的人所具備的特質。它是心理的「先驅」機能，能夠掃除障礙、奠定基礎，和建立第一個典範。

然後是持續性，它的明確定義是「堅守立場」，能使一個人堅守任務，直到完成為止。這種機能賦予一個人穩定和持久的持質，並且使他貫徹到底。缺乏這種特質，往往會抵銷掉其他良好機能的作用，使一個人太快放棄，因此損失辛苦的成果。

最後是堅定的機能，它賦予一個人不屈不撓、堅持不懈、始終如一、果斷和穩定的特質，再加上一種能把其他機能凝聚在一起的「固執傾向」。一個業務員的心理，多少需要一點「匹夫之勇」的特質。如果一個人的這種機能發揮到某種程度，能讓他在遇到缺乏堅定的人的時候，堅持自己的立場而不持續消磨意志。這種機能能防止一個人「偏離主軸」，並促使他「著手工作而不留戀過去」。它讓人以堅定的意志對抗艱難的環境，直到達成任務。它令一個人就像堅硬的岩石一樣，面對反對和競爭的襲擊也毫髮無損。它令一個人看清他的目標，然後勇往直前地朝目標邁進。

九、內斂。我們提到這個特質，並不是因為它在業務員的領域裡佔了很重要的部分，而是因為一般的業務員容易口無遮攔的說太多他們應該有所保留的話。這種情況會發生在業務員身上，是由於出自工作需要的盡情表達。然而他應該要記住，許多好的計畫因為業務員容易「說溜嘴」或「洩露」自己的期許、計畫和期望而失敗。於公於私，業務員對於他不想讓競爭對手知道的策略、計畫、方法或其他事情上，都應該三思而後行。一位非常成功的商人需要堅持這樣的安全原則：「絕口不提他不想讓主要競爭對手聽到的事——因為不說，就沒有人聽得到。」這個世界充滿了喜歡傳播故事的「小鳥」——運用無線電報機附屬裝置，麥克風，也能「隔牆有耳」。在我們剛剛所提到的狀況上，你要做一個圓滑機敏的人。稍微思考一下就能明白，如果連你自己都不尊重你自己的秘密，那麼你也不能期望別人這麼做。

十、欲求不滿。這種機能所展現的是獲得、取得、擁有、爭取等等的欲望。它往往受人譴責，因為擁有且未正常培養這種特質的人，所表現出來的性情令人討厭，像是守財奴、「貪婪豬」和吝嗇鬼。不過，別忙著譴責這種機能，因為假若沒有它，我們會變得無欲、揮霍、浪費、無所依靠和貧窮。想在各行各業都能成功的人，如果缺乏欲求不滿的心理，就必須培養。他必須學習去誠摯地欲求生命中美好的事物，並且去爭取它們。他必須欲求為自己聚積些什麼，這樣一來他才有辦法為他的僱主創造一個有價值的聚積管道。欲求不滿是商業世界裡具有生氣的守則之一，儘管我們也許會試著避開它。想否認這一點就太虛偽了，因為事實太明顯到無法置之不理或否認。如另一本著作的作者所說：「無論如何，人們都想追求金錢——每個男男女女都是，否認也沒有用。也許有一天，我們會有更好的經濟狀況——我祈禱上帝讓它實現——但是直到那時之前，我們所有人都必須盡一切努力去追求白花花的鈔票。因為，除非一個人這麼做，否則他沒得吃，沒得穿，沒地方住，沒書讀，沒音樂聽，也沒有他認為和覺得值得讓他活下去的任何東西。依我看，適當的平衡在於以下這句話：「當你能得到時，盡你所能——**但是要留給其他人一個機會。**」

十一、期待讚許。這種特質展現出想得到讚美、恭維、認可、名聲等等的欲望。一般的業務員並不需要培養這種機能——他的性格很容易讓它過度發展。因為工作表現良好得到他人的認可而感到愉快，這樣很好。不過，假使一個人對他人的意見太敏感，會因為得不到認可或讚美而感到痛苦，顯然就是個缺點。仰賴群眾讚美或烏合之眾認同的人是傻瓜，值得同情。群眾是無常的，也許今天稱讚一個人，明天就背棄他。再者，他人的讚美之中總是夾雜著許多隱藏的妒忌和猜忌。

你曾注意過嗎，人們多想把疏失或錯誤和他們曾經讚美過的人扯上關係？可別被群眾的喝采騙倒了。你也不該允許自己因為害怕被責備而止於正確的道路前。「確定你是對的，然後勇往直前」。學習靠你自己的力量站起來，別依賴他人。擺脫身後的群眾——管好你自己的事，也讓別人管好他們的事。在你和這個世界講話時，也要用眼睛正視它。你不諂媚它，它才會了解你。但是千萬不要對它卑躬屈膝——否則它會把你撕成碎片。「他們說；他們說什麼；讓他們去說！」「不用擔心—你的朋友不會在意，你的敵人反正都會批評，所以，擔心有什麼用？」告訴你自己：「我是自己靈魂的主人。」並且記住柏登（Burton）關於自由和勇氣的銘言錦句：

「做你為人應做的事情，不為別的，只為自我期許的喝采。尊重生命與死亡的人懂得自律，也遵守自己定下的規範。此外的所有生命，都是行屍走肉，住在只有鬼魅的世界裡。一口氣，一陣風，一點聲，一點音，還有駝鈴的叮噹聲。」

自我本位和自我中心之間的差異，構成了自我尊重和期待讚許之間的大部分差異。要培養自我尊重，但約束期待讚許的心理——如果你想成為一個個體的話。成功的業務員必定是一個個體——從「只是個人」或「聽從命令者」的群眾中鶴立雞群的人。做一個人，而不是在你周圍所有看著鏡子反映出來的想法、意見和希望的人類。要具備創造力，而不是想像力。阿諛奉承是猩猩的食物，不適合人。

個人表現。雖然一個人在服裝、走路、說話等方面的個人表現，幾乎不能叫做心理特質，但是它們必須被視為心理特質的表現——內在狀態的外在展現。人們會很自然地從這些外在表現來評判一個人，確實如此。再者，一個人的外在樣態，是對其心理狀態的微妙反應。一個人的走路姿態、舉止和風度，影響著他的心理態度，這是我們可以透過改變這些外在表現和注意我們改變的感覺來證明的。有人曾經說過：「穿著得體的意念，能給予我們有時候甚至連宗教都無法給予我們的某種沉著和平靜。」

至於生理態度等等，聽聽一些著名的心理學家是怎麼說的。哈列克教授（Prof. Hallect）說：「藉著誘發一種表現，我們往往能引起其相關的情緒。」詹姆斯教授（Prof. James）說：「利用吹哨子來維持勇氣，不只是一種語言的象徵。另一方面，整天無精打采地坐著嘆氣，並且用憂鬱的語氣回答每一件事情，你的苦悶就會持續下去。在道德教育上，沒有什麼比這則箴言更珍貴：如果我們想克服自己的不良情緒傾向，首先我們不能感情用事，而且必須不懈地練習我們想要培養的性格的外在舉止。眉揚而順，雙眼有神，比收小腹更重要的是抬頭挺胸，說話時音調沈穩；遇到親切的寒暄，假如你不是個冷漠的人，那麼你的心必定會逐漸融化。」

伍茲．哈金森（Woods Hutchison）醫師說：「如詹姆斯教授所說，肌肉收縮能反射出情緒到什麼樣的程度，這可以用一個小巧簡單的實驗，從人體中最小、運動眼球的隨意肌上，輕易地測試出來。找一個你靜靜坐在房裡的時刻，拋開所有雜念和干擾。然後站起來，採取一個輕鬆的姿勢，眼睛用力往上看，保持那樣的姿勢三十秒。一瞬間，你會意識到一股虔誠、奉獻、嚴肅的想法和感覺油然而生。然後移開目光，透過微張的眼皮，筆直地掃向右邊或左邊。在三十秒之內，懷疑、不安和厭惡的影像會自動跑到腦海裡。把目光轉到一側，微微向下，會不禁產生一種妒忌和獻媚的意念。再把目光投向地板，你會感覺好像陷入一了陣沈思或出神。」莫茲雷（Maudsley）說：「這個特定的肌肉動作不僅是熱情的表現，而且確實也是它的一個重要部分。熱情的表達特徵是固定的，如果我們試著在腦海裡找出不同的特徵，我們會發現這是不可能的。」

從以上的敘述，我們可以很容易看出培養與欲望的心理狀態或感覺有相互關係的外在表現的重要性。藉著培養這些外在表現，我們能夠在腦海裡喚起那些特別的狀態或感覺。再者，我們容易用與我們心理特質有關的舉止，給別人留下印象。一個人的外在表現，就是對他人的有效暗示工具，而且人們會在不知不覺中受到對我們有利或有害的影響。簡單地說，我們要順著以上的思路，好好思考一下做為個人表達之基礎的普遍性原則。

舉止與走路姿態。在前面的「自我尊重」項目之下，我們給過你一些權威人士的忠告。關於適當的舉止，關鍵在於：從行為中表現出你自我尊重的性情，並且為他人著想。另一位權威人士為正確的站姿給了以下的指導：「一、雙腳併攏；二、頭抬高，下巴微微內收，不要伸出去；三、眼睛正視前方；四、肩膀往後拉，但不要聳起來；五、挺胸；六、小腹微收，不要突起；七、雙臂自然地下垂於兩側，小指輕輕觸碰到大腿。剛開始你也許會覺得有點兒僵硬，但是如果你堅持下去，它很快就被培養成你的第二天性。」

另一位權威人士說：「養成正確舉止的最簡單方式，是去想像你從高處用一條繩子懸著，繩子最低處的那一端繫在你的胸骨最低的位置上。如果你站和走得像是被吊起來一樣，你就會走得很輕鬆、優雅、像滑行般，然後得到正確的舉止和自然的姿勢。」還有一位權威人士給了以下的建議：「假如觀察走路和站姿，以下方法能夠提供理想的生理姿勢，並且使你在走路時保持挺直和優雅的態度：背向牆壁站著，腳跟、腿、臀部、肩膀和後腦勺要碰到牆，下巴微收。用力地抵著牆，你會發現這個姿勢很不舒服，因為這是一個不自然的錯誤姿勢。現在，你的腳跟依然靠著牆，把你的身體往前傾，形成一個自然的姿勢，小心地保持身體的挺拔，避免放鬆，只要用踝關節把你的身體向前傾。當你找到正確的體態時，你就得到自然的姿勢，保持住，然後用自然、正常、平衡的走路姿勢向前走，直到你完全養成那種習慣。」

握手。當你以「握手」的動作抓住別人的手的時候，不要顯得無精打采和冷漠——不要把軟弱無力又冷淡的手伸向別人。而是要握起他的手，就像你很喜歡那麼做一樣——把興趣投入在過程中。不僅如此——還要投入你的感情。把感情投入在握手當中：「我喜歡你，你也喜歡我。」然後，當你把手抽回來的時候，如果可以的話，讓你的手指像撫摸般的滑過他的手掌，使他的食指從你的拇指和食指間通過，結束於大拇指的叉口。多加練習，直到你可以不假思索的做出來，你會發現這個方法的優點。握住別人的手「就像他是你有百萬身價的岳父大人一樣」。

聲音。業務員應該培養出一種含有感情的聲音。他的聲音應要能傳達出他對自己所說的話的信念，以及對談話間的故事的興趣。如果你願意學習去觀想你的想法——也就是，對你所說的事情，在腦海裡弄出一個畫面——你會從這個指導中發現它的幫助，一個人總是能將親眼看到的事情描述得更好。你在腦海中看到的畫面有多清楚，你向別人以文字表達的能力就有多好，你的語調就多有感情。聲音應該要能表達出你想法的意思，而不只是你想法的象徵。試著說「早安」就像你是真心的一樣，然後再用平常的方式說一遍。你感覺出差異了嗎？把你的想法和感情投入到你的聲音裡，忘掉你自己和對方，然後專心地把你的想法和感情放到聲音裡。

許多人都會犯的錯誤是「用肌肉，而不是用神經講話」。在說話時應該使用神經能量或思想力量，但是他們卻把肌肉能量投入到他們的話裡。肌肉對別人的心理是沒有影響力的，但是神經會微妙地振顫，然後觸及你說話對象的感覺。

感覺。當你想說得令人印象深刻時，你的語調也會反映出相同的感覺，然後在別人身上誘發出類似的感受。值得注意的是，假如一個人堅定地保持他慣常的音高，便能夠讓另一個人激動的聲音「降低」到他的音高上。這不僅能「降低」另一個人的音高，而且他的情緒也會隨之調整。此外，你也要想辦法維持你自己的脾氣和鎮定。千萬不要因為對方提高他的聲音而把你的聲音也提高了——抗拒這樣的傾向，維持鎮定和說話的力道。要記住這一點。

眼睛。學習在說話的時候，用眼睛直視對方。不是用瞪的，而是用堅定、禮貌且輕鬆的方式；這可能需要一點練習。如果你喜歡的話，可以在鏡子前練習。眼神飄忽、不停地盯著看，會給人不好的印象，而堅定、真誠的凝視，容易令人產生好感。你會發現，強者（能夠影響別人的人）幾乎都有堅定、強勁的注視力。這值得練習，這只是花多少功夫和時間的問題，去培養出這種個人特點。

穿著。我們往往可以從一個人的穿著來了解他，至少可以透過穿著來判斷。業務員應該留意這種個人表現，因為這對他們有加減分的作用。首先要記住的是，整齊清潔是穿著的第一要務。要保持服裝的清潔和整齊，練習保持布料的乾淨，因為在穿著上沒有什麼比髒兮兮的衣服更令人反感了。另一個重點是要保持五體（頭、雙腳和雙手）穿著得宜。髒兮兮或磨破的帽子，骯髒或磨損的領結，破爛的袖子或袖口——這些都是很容易被人注意到的地方，而且比破舊的西裝更讓人反感。剛好的舊西裝加上一頂好帽子、一雙鞋子和乾淨的袖口，一定好過相反的情況。

一個人的穿著一定要符合他的財力，這樣才能與他的職業和地位一致。規則是，質料要盡量的好，剪裁要符合流行的款式，避免所有極端或奇特的設計。一個穿著得體的商人，外表看起來應該既不邋遢，也不「盛裝打扮」。他的外表應該符合一般整齊乾淨的概念，服裝不會引起別人的特別注意。當一個人的穿著會特別吸引別人的注意時，他就是打扮不得體，不是太糟，就是過度裝扮，之後要在這兩個極端之間尋求「中庸之道」。波洛尼爾斯（《哈姆雷特》中的角色）勸告他兒子的話值得一提：「穿著要講究，但要你能負擔得起。不要奇裝異服，要體面，不要華麗卻俗氣，因為服裝往往表達了一個人的個性。」

外表的細節。整齊清潔是想要製造良好印象的業務員不可或缺的條件，沒有什麼比「外表看起來疏於自理的新拜訪者」更能重創一般業務員的形象。身體要洗乾淨，頭髮要修剪和梳整齊，鬍子要刮乾淨，牙齒要刷過，指甲要剪過，鞋子要擦光亮，領帶和領口要清潔，衣服要刷洗乾淨。不要讓人聞到抽菸或喝酒的口氣，衣服或手帕上也不要飄出濃得要死的香水味。手指頭被菸薰出的黃漬，以及老菸槍的惱人氣味，讓許多人輸掉了好名聲。對於抽雪茄的許多人來說，菸是他們的「禁忌」。購買者會直覺地認為，這些細節呈現出業務員的心理（其人格的一部分），而且確實如此，因為假如一個人的心理能夠節制，它們就不會呈現出來。所有的這些細節聚在一起，形成一個人給予他人的第一印象，而第一印象又與業務員在推銷時是否能引起有利的注意，有著密切的關係。

第三章

購買者的心理

在推銷中第二重要的元素，是購買者的心理。在購買者的心理，他正在天人交戰。在這個範圍裡所呈現的，是當天輸贏的動態。在這個主題上的一位作者說過：「購買者的大腦就是一張棋盤，而大腦的棋子，就是那個人。業務員會以自己的意圖移動或引導這些棋子。」為了了解你必須作戰的地方，以及了解你必須搏鬥、說服、打動、催促或吸引的心理要素，你就必須了解心理的各種機能和心理的整體狀態。所以，現在讓我們看看購買者在購買的心理過程中所積極運用的各種心理機能。

特質。首先，讓我們思考顱相學家所稱的「特質」，那是他們用來表達一個人心理組成精細或粗糙的各種程度，而心理組成通常會從一個人的外表和生理特色顯示出來。一個人身上的這種「特質」，類似於我們所稱、在高等生物之中的「階級」、「教養」或「血統」。這很難解釋，但全世界都認同。在一項極端的「特質」裡，我們發現謹慎、小心、緊繃、緊張、容易感情用事或受情緒、詩篇、音樂等影響的那些人，多少有點不切實際，而且無法與物質世界的人和事和諧相處。在另一項極端的「特質」中，我們發現那些人粗率、品味粗糙、原始、粗俗、馬虎，而且通常像「豬玀」一般。在這兩個極端之間有許多等級。一個人的外在生理特色，像是皮膚的粗糙或細緻、頭髮、指甲，耳朵和臉部特徵等，以及他的整體健康狀況和特色，通常會給予細心的觀察者一窺此人「特質」等級的機會。業務員最好要熟悉這些特色，因為它們會洩露一個人的整體性格。

再來是所謂的素質。顱相學家把素質大致上分為幾類，每一類都有適合的人。不過，一個人會通常會表現出好幾種素質的要素——也就是說，那些素質在他身上是混合在一起的。最好的顱相權威把素質分為以下幾類：活力的；動機的；心理的；它們的特徵說明如下：

活力素質。這種素質主要顯現出純粹生理的或「動物的」習性。主要具有這種素質的人頭特別圓，眼角及耳朵間的距離較寬，後腦飽滿，額頭寬闊（不一定要高）。他們通常很豐滿，有一副「營養充足」的外表，肩膀寬闊，胸膛厚實，還有「公牛頸」（但事實上它是一種很漂亮的動物）。他們的心理特徵是喜歡滿足口腹之欲和生理上的舒適，衝動、熱情友善、急躁、性急子、熱心，往往狡猾奸詐但城府不深，容易受奉承，比較有自私的情緒和偏見，以及喜好尋歡作樂。他們通常是自私的，而會緊抓住迎合他們喜好和生理福祉的事物。他們試著「得到迎面而來的一切」，同時喜歡宴飲交際，希望被認為是「好夥伴」。他們通常容易興奮激動，也很容易失了分寸。缺乏這種素質的人，所顯現出來的生理特徵與上述那些人完全相反，他們多少有點兒缺乏活力，或是沒精神，看起來了無生氣、健康狀況不佳。主要具有這種素質的人，適合做肉販、飯店管理者、船長或機長、列車駕駛、商人、政治家、承包商等等。透過他們的感覺，比透過他們的才智更容易觸及他們的心理。

動機素質。這種素質主要可以從肌力、耐力、堅韌和行動力上看出來。主要具有這種素質的人，特點是纖細瘦弱，五官明顯突出，通常有著大鼻子和高高的顴骨，牙齒又大又強健，關節和膝蓋都很粗壯——實際上，亞伯拉罕·林肯的生理特徵就是如此。他們的心理特徵是果斷、堅忍、有鬥志、具破壞性、有耐力、周到、有手腕、具執行力、具創造力、固執、具抗拒力，而且往往具有不屈不撓的精神。他們的情緒不會浮上台面，但是一旦被喚起之後，會又強烈又持久。他們不太會狂怒，但卻是優秀的鬥士，而且會一直堅持到最後。他們通常天生機靈精明，是世界上最積極、最堅忍的工作者。就是這樣的素質，讓一個人有了原動力——他在工作上的能力和興趣。缺乏這種素質的人，所顯現出來的生理特徵與上述那些人完全相反，而且嫌惡工作或任何費力氣的事情。

心理素質。這種素質主要可以從神經動能、心理活動、推理能力、想像力和大腦發展看出來，而非體力或生理活動。主要具有這種素質的人，特點是體格瘦小，骨架和肌肉也小，普遍結構纖細，動作迅速、具神經能量，輪廓分明，唇薄、纖瘦、體型優美，而且往往有尖頭鼻，額頭高，眼神豐富。他們的心理特徵是擅長推理，想像力豐富，容易因為不友善的環境和令人不快的同伴而煩惱，喜愛心理活動，而且往往討厭身體活動、多愁善感、極端的感情和情緒、熱切且熱心，以及一般被歸類為「易激動」的普遍特性。缺乏這種素質的人，所顯現出來的特徵與上述那些人完全相反，而且厭惡心理活動。

綜合素質。幾乎每一個人都具有這三種素質的各種比例的混合。在有些人身上，由其中一種素質做主導，並且賦予我們那個類別的特殊特徵。但是在另外有些人身上，主導的往往有兩種素質，使第三種很難顯現。還有些人的這三種素質混合得很均勻、很匀衡，所以他們是素質「健全」的人——被認為是最理想的狀況。

關於綜合素質，顱相學的資深權威福勒教授說：「過多的動機加上缺乏心理素質，所產生的結果是具有力量但行動遲緩，因此天分處於潛伏的休眠狀態。過多的活力素質，所產生的結果是生理力量和享樂，但是心理和道德層次太低，導致粗率和動物的原始天性。過多的心理素質所產生的結果是，太在意身體、太感情用事和太敏銳，以及早熟。而當這三者勢均力敵時，會產生豐富的活力能量、身體的精力，以及心理力量和敏感性。它們可以被比喻成蒸汽船及其設備的幾個部分。活力是蒸汽動力，動機是船殼或架構，心理是貨物和乘客。當活力佔多數時，所產生的動物能量多過於被消耗的能量，造成焦躁不安、過度熱情，以及導致情緒爆發和衝動的壓力。當動機佔多數時，框架過多，造成行動緩慢，而且薄弱的心理就等於承載的貨物太輕，不足以保障生命的善終。當心理的比例過高時，船隻可能下沈。但是當這三者勢勻力敵且各具威力時，船隻就能大量承載，並且行駛得又快又安穩，最後圓滿達成任務。這樣的人能夠將冷靜的判斷和熱情結合起來，並且妥善地管理情緒；在良好的品性和非凡的才智之間，存在著完美的協調性；有學識，也有健全的常識；具備卓越的遠見和睿智；以及具有最高層次的生理和心理機能。」

業務員應該要徹底熟悉這三種素質的特徵，而且當發現它們混合或結合在一起的時候，也要學習去分析。了解一個人的素質，往往是了解他整體個性和性情的關鍵，這對業務員來說是一大優勢。許多學習人類天性的學生，把全部的注意力都放在研究心理的一些機能上，而忽略了素質的力量和影響。我們認為這個做法錯了，因為在素質上的全盤知識，能夠讓人對個性有普遍的了解，而且事實上一般認為，從一種素質或素質的組合中，一個優秀的顱相學家能夠指出在這樣的個性裡容易找到哪些優勢機能。由於一般的業務員無法挪出時間進修成為專業的顱相學家，所以要借助在素質上的正確知識來幫助他解讀個性。

現在我們來看看購買者在買賣上所展現的各類心理機能，這些都是業務員應該要了解的，如此，當購買者的心理衝動起來時，他才能成功地滿足它。我們在檢視這些機能時很簡潔，但是會包含重要的特徵。

社交機能。這個類別的機能包括好色或性欲強盛，憧憬婚姻，有父愛／母愛，好交友，戀家。顱相學家指出，這些機能位於大腦後方下面的位置，形成耳後的凸起。當一個人好色或性欲強盛的機能高度發展時，會令他被異性所散發出來的吸引力任意擺布。雖然在正常發展的狀況下，它在生命中是具有價值的，但是它的過度發展會具體表現於放蕩，而在不足時會表現於對異性的厭惡，或冷感和保守。這種機能過高的人，會因為異性的吸引而疏於公務，也會允許自己因為同樣的理由而「脫軌」。在向這種人推銷東西的時候，避免跟他提到這個話題，否則他不會把注意力放在你身上。當一個人**憧憬婚姻**的機能高度發展時，會使他大大地受到婚姻的另一半的影響。這樣的男人大多會受到太太的期望、品味和欲望的影響，最後就變成太太「說了算」。然而，有些人很好色卻不憧憬婚姻，所以如果有個愛人不能滿足他，就用另一個來取代——「親密關係」取代了妻子的位置。當一個人的**父愛／母愛**機能高度發展時，會使他極度寵愛孩子，並且讓自己受到孩子的影響。像這樣的人很喜歡說孩子的趣聞，不厭其煩的詳述孩子的聰明和早熟而使聽者感到厭倦。在他們桌上，孩子的照片愈來愈多，只要是跟孩子有關的事情，都會引起這些人的注意和興趣。當一個人**好交友**的機能高度發展時，會令他尋求一個可歸屬的群體，形成友誼的附屬物，享受社交的樂趣，支持他們自己喜歡的人，享受宴請和款待。像這樣的人比較容易根據對人的喜好和熟識程度，而不是根據理性或判斷來做生意，而且他們相當容易被自己喜歡的人說服。一般而言，擅於交際的人對於他們是具有吸引力的，這個階層需要有「人緣好」的特質。當一個人**戀家**的機能高度發展時，他會變得離不開他所熟悉的地方、地區和社團。像這樣的人會充滿愛國情操，地緣性的驕傲、偏見和鄉土情節。他憎恨任何對他的地區的「汙辱」，並且賞識任何有利於他的家鄉和地區的評價。這些人就像貓一樣，會依戀地方，而不依戀人。通常在他們的觀念裡，他們的小鎮就是「我的國家」。

自私的機能。這個類別的機能包括熱愛生命、好鬥、破壞、好吃、貪杯、欲求、狡猾、謹慎、期待讚許、自我依靠。顱相學家指出，這類機能佔了後腦兩側的位置。當一個人**熱愛生命**的機能高度發展時，他會表現出活下去的決心，並且很害怕死亡。任何保證促進健康或延長壽命的東西，都極度吸引這些人，而任何造成害怕不健康或死亡的東西，對他們的影響都很大。這些人是健康類書籍的忠實客戶。

當一個人的**好鬥**機能高度發展時，他會想「抬槓」、吵架或爭論。應付這些人最好的方法，看起來就是讓他們贏得爭執，然後引導他們去提出業務員已經放在腦袋裡很久的事情。這些人是可以被引導或哄騙的，但絕不受逼迫。適用在他們身上的道理就是「糖比醋更容易黏住蒼蠅」，或是炙熱的太陽能讓行人脫掉疾勁的北風怎麼樣都吹不走的外套。這種人太開心於在小事情的爭執上擊敗對方，以致於忘記重點，然後在情緒上變得很容易被說服。一定要避免跟這種人在重要事情上的直接爭論或爭執——他們會讓自己高傲的鬥志模糊他們的判斷力，但是他們也會輕易幫助他們相信在爭執上已經被他們擊敗的人。當**破壞**的機能高度發展時，會使一個人很喜歡以創新的方法做事情，像是突破傳統、挑戰權威和破除障礙。如果你能夠向這種人示範如何利用你的產品達到這些目的而喚起他的這種精神，他就落入你的掌握之中了。任何能以創新方式去做——挑戰反對勢力或既定的習慣——或破除反對障礙的事情，可能會立即引起這種人的興趣。這種機能的基本風格就是「前面的人閃開」。當**好吃**的機能高度發展時，會使一個人變得暴飲暴食，而且過分注重飲食上的樂趣。這種人「為了吃而活著」，而非「為了活著而吃」，而且很容易透過他的弱點——他的肚子——接近他。對於這種人來說，一頓豐盛的晚餐比一個合邏輯的論點更具說服力。當**貪杯**的機能高度發展時，會使一個人對所有種類的飲料展現出放縱的興趣。在某些情況中，這種人會避免含酒精飲料，他們直接訴諸於無節制的「軟性飲料」（不含酒精），像是薑汁氣水、蘇打水等等。這些人不見得喜歡酒精帶來的效果，他們所渴望的似乎就是喝某種形的飲料。像這樣的人，假如他們的胃口沒有得到控制，會讓他們對酒的品味失去判斷力和理性。

當**欲求**的機能高度發展時，會使一個人變得非常貪心、貪得無厭，而且往往表現得像守財奴似的。不過，當這個機能並沒有發展到那麼極致的時候，它會讓一個人展現出敏銳的交易本能，而且它正是一個成功商人的心理組成中的必需要素。這種機能高度發展的人，他們對於看似能保證他們有所得或節省的任何事情，都顯得非常有興趣。在向這種人推銷的時候，應該要一直突顯出「獲益或節省」的重點。在這個機能的某些案例中，假如過度發展且未能被其他機能抵消的話，會讓一個人「省小錢花大錢」，並且把他的精神都集中在看得到的錢上，而忽略了比較不明顯的利益。「有錢才能說話大聲」是唯一迎合這種人的話。

當**狡猾**的機能高度發展時，會使一個人變得口是心非、表裡不一、奸詐和欺騙。它是一個「狡猾」的機能，當運用到某種程度時，若過多會變得令人討厭。在應付這種人的時候，小心不要全盤接受他所說的話，這種人的話「不可盡信」。想「以其人之道還治其人之身」的人，可以讓這些人自以為以智取勝或佔到了業務員的便宜，藉此來接近他們。看似被這些人打敗的業務員，往往在事前已經預料到他們的做法，而且也事先規劃好對策，所以被打敗的那個才是真正的贏家。這些人往往往會為了騙到一個小小的好處，而犧牲真正的較大利益。騙倒別人會讓他們感到通體舒暢和自我滿足，於是忘了那個買賣的重點。一個小小的勝利對他們來說，就像是好吃的人得到一頓豐盛的晚餐，或是期待讚許的人得到恭唯一樣。一項過度發展的機能，必定是諳知箇中道理的人能拿來利用的弱點。

當**謹慎**的機能正常發展時，是一項值得讚揚的特質，但是當它高度發展時，便是一項討人厭的特質。這項機能若高度發展，會使一個人過度焦慮、恐懼、害怕行動、容易慌張等等。必須小心地結交和引導這種人，以取得他們的信賴和信任感。一個人在應付這種人的時候要非常小心，不要引起他們的懷疑或擔憂。應該要以最公正的態度對待他們，對於他們所懷疑的事情，也要給予完整的解釋。通常很慢才能得到他們的信任，不過，一旦他們開始信任一個人之後，便很容易持續下去。他們的恐懼會阻止他們的行動，但是一旦信任獲得保障時，情況就不一樣了。這種人催促不得，他們通常需要時間來建立信任感。然而，由於容易慌張的性情，假如能讓他們擔心若不行動就會被競爭者取得先機，或是若不立刻訂購價格將會上升的話，他們偶爾也接受催促。在應付這些人的時候一定要十分小心，能掌握這種天性的業務員所付出的努力與辛苦，最後都會得到回報。

當**期待讚許**的機能高度發展時，會使一個人容易接受奉承、想得到讚美、喜歡「炫耀」和展現自己、虛榮、對批評很敏感，而且往往顯得自負和浮誇。當這種特質高度發展時，反而是一項缺點，讓對手有了很大的操縱力量。雖然業務員私底下很嫌惡具有這種特質的購買者，但是如果他了解這種特質的特徵，他會發現這是接近購買者的一條捷徑，也是一項成功的利器。與這些人的意見契合，以及展現出適當的尊重態度和言辭，便能夠輕易地接近他們。這些人是你可以盡情奉承巴結的對象，只要在表面上賞識他們的優點，他們就會被牽著鼻子走。對於能夠充分「了解」他們的人，以及能夠理解他們被這個殘酷、冷漠、無情的世界所忽略的頂尖特質的人，他們樂於給予各式各樣的支持。英文字「jolly」就是為這些人創造的，他們的腦袋很容易吸收別人告訴他們的話。

自我依靠非常不同於前面所描述的幾個特質，儘管許多人似乎無法分辨箇中差異。當自我依靠的機能高度發展時，會令一個人賞識自己的力量和特質，但是不會對自己的錯誤視而不見。它所包含的觀念包括：自助、自我尊重、自我依靠、自尊心、自滿和獨立。如果發展到了極點，它所展現出來的是傲慢、自大、跋扈和專橫。大部分靠自己努力取得成功的人，都有這樣的特徵。這些人堅持自己的做法和想法——他們討厭受到影響或接受建議，而且往往因為他們認為有人在想辦法強迫他們接受一項提議，而任意地否決它。應付這些人最好的方式，就是坦率地承認他們有為自己著想的權利，運用你的態度、語調和舉止——然後客觀地提出你的建議，並且表明整件事情都由他們自己去判斷。如果你不犯下與他們爭論這種拿石頭砸自己腳的錯誤的話，你所提出的理性訴求會很迎合他們的胃口。你可以在他們面前扮演律師，但是一定要記住，他們想扮演的角色是法官，而不是另一方的律師。

如果能向他們提出建議，並且巧妙到讓他們以為是自己想到的，他們就會贊同它。永遠要給他們自己想出點子的機會——他們喜歡這樣。你不需要巴結或奉承這些人，你所要做的就只有維持你的自尊，但同時讓他們稍微走在你前面一些，或是站的位置稍微高一些——那是讓他們感到舒服的唯一方法。他們喜歡跟強者相較，而不願跟弱者相比，要比強者高或超越他——對他們來說是更有效的恭維。他們賞識使他們不得不拿出最強大武器的人——因為最後也是那些人讓他們宣布獲勝。

運用的機能。這個類別包含了兩種特質：堅定和耐性。這兩種機能和自尊，位於大腦上方後面的位置。

當**堅定**的機能高度發展時，會使一個人展現出穩定、不屈不撓、執著於目標、往往達到頑固的程度、頑強和倔強。這些人不接受逼迫，或是不能被強迫做任何事。他們「死心眼」地固執己見，而且一旦採取了一個觀點，就很容易堅持到底，無論對錯。他們會為了自己認同的信念奮戰到底，也會為了自己相信是對的事情而堅持到最後。試圖強行逼迫他們，猶如以卵擊石。應付這些人的唯一方法是，趁他們還沒下定決心和做出決定的時候，竭盡所能地使他們對你的提議感興趣。如果他們已經對你的提議存有偏見，唯一的方法是放棄正面攻擊，盡力從一個不同的角度來呈現事情，讓他們看到剔除掉原有方案的新觀點。這種人絕對不會放棄，除非他們說：「哦，那當然改變了整件事情」，或者「唔，那是一個新的見解」，或是「那是全然不同的提議」等等。把他們留在他們「鎖定」的勝利者寶座上，並且想盡辦法引起他們對新層面、新觀點或新原理的興趣——在新觀點上，至少你還有一個相同的機會獲勝，但是在舊觀點上，無論如何，你已經沒戲唱了。然而，如果你能讓你的案子與他們既定的偏見（無論是贊成或反對）相互契合的話，你就已經贏了這場戰役，因為他們堅定的特質將有利於你。你要將你的案子穩穩地放入他們的模子裡——根據他們的模式裁切你的稜角。一匹頑固或停蹄不前的馬或驢子，利用轉移注意力的方法，往往能讓它們開始前進——像是在它們的耳朵塞入一張揉成團的紙，或調整馬具等等。同樣的原理也適用於頑固、固執己見的人。把他們的注意力從考慮中的問題轉移開，他們就會恢復理性。就讓他們堅持自己的想法——然後策劃一個從側面或背後發動的攻擊。你無法擊潰他們的石牆——你必須從上方飛越，要不就從下面挖條地道，再不就繞著它攻擊。

當**耐性**的機能高度發展時，會使一個人一旦著手進行了某件事就堅持到底；展現出耐性和毅力；把全部的精力放在那件事情上，而排除其他所有事情。你很難用新的事物引起這些人的興趣——他們天生就不信任新的想法或東西，而執著於舊的事物。這些人非常保守，討厭改變。和他們打交道最好的方式，就是避免用全新的事物嚇著他們，並且小心地把新觀念或新東西與舊的結合在一起，讓新的看起來像是舊的的一部分。在舊名字之下的新東西，不會像新名字之下的舊東西那樣令這些人感到不安——對他們來說，重點在於形式和名字，而不在於內容物。他們厭惡舊酒新瓶——但是他們接受新酒舊瓶。以「固有的」事物或「美好舊時光」為基礎的論點，很迎合他們的想法。東西必須具有「值得尊重」、「根深蒂固」、「歷經多年的考驗」、「非新觀念」等特徵，才能夠吸引他們。當心，不要對他們試行新事物和驚天的改變——他們會立刻對你產生偏見。契合於他們的想法，他們就會是你的好朋友和老顧客。「保守」和「固有」，在他們聽起來很順耳。相反的，這種機能不足的人會因為事物的新穎而傾向於新的事物。這種機能，無論是過多或不足，都會深深影響一個人的判斷力，這是業務員必須要考慮到的。

宗教—道德機能。這個類別的機能包括道德原則、樂觀、心靈、敬畏和仁慈。展現這些特質的區域，在大腦的前上方。

當**道德原則**高度發展時，會使人產生高度的正直、公平、真理、美德和責任感。在和這些人打交道的時候要特別小心，不要說錯話、扭曲事實和誇大，而要盡量貼近事實。此外，也要避免任何的詭計或不正當手段，以及討價還價的情事等等。如果以他們喜歡的方式打交道，這些人會成為可靠、堅定的朋友。但是假如他們懷疑某個人做了不公平的交易，或者對他失去信任，就會對他產生偏見並且保持距離。他們的原則是「正確才是對的」——在與他們所有的交易中，你都應該秉持這個原則。他們是「社會中堅分子」，可惜世界上沒有再多一些這種人。的確，這種機能有時候看似流於形式和虛偽——但是，其實每一件好事都有其仿造版，我們所要做的就是分辨真偽，不管是在這裡或其他地方。

當**樂觀**的機能高度發展時，會令一個人往事情的光明面去看，期待好的結局，滿懷信心地向前看，以及對未來有更多的期待。當這個機能被誤用時，會令人產生不切實際的夢想和憧憬。這些人衷心相信未來的成功、光明的前景、美好的展望和看來大有可為的新任務。當適當地向他們提出建議時，他們會變得很熱衷，而且他們比較喜歡與心理特徵相近的業務員做買賣。這些人在商場上是自然界中的「公牛」——在與他們交易時，當心，不要採取「熊」的姿態，他們喜愛歡欣、愉快的談話勝過一切。他們是很好相處的人，尤其是，假如這個特質與謹慎相互平衡，並且經過經驗的訓練的話。

當**心靈**的機能高度發展時，容易使一個人在精神上的生活高過於一般的物質生活，寄託於「內在的光明」，傾向於神秘主義，以及體驗宗教生活甚於世俗生活。當程度比較輕的時候，這種機能可以從一般的「宗教」感情中窺知。當這種機能被誤用的時候，它會展現出盲目崇拜、迷信和「通靈」。這種機能很活躍的人，似乎覺得商業是一種使人降低品格的必要事物，他們從來不擅長，除非處理的貨物剛好符合他們的傾向，例如宗教書籍。因此，他們在商業上所展現出來的特性和風格並非出自於這個機能，而是來自於其他的機能。不過，對於在想像中與他們的信仰和信念不一致的人，他們很容易產生偏見，也容易因為感覺、情緒和心情——而非冷靜的判斷和純粹的理性——而動搖。他們通常愛恨分明，很容易凡事都訴諸於想像力。

當**敬畏**的機能高度發展時，會使一個人對所有的權威展現出敬畏和極度尊重的態度，這些人通常是優良教友和守法的市民。在商場上，這種機能容易使他們極看重權威和榜樣。如果某家大零售商訂了幾批貨，他們會對這個零售商所做的榜樣留下印象；他們也很重視保證書和推薦書。在和這些人打交道的時候，你必須避免輕蔑地提到他們所尊重的任何事或任何人，因為這會很快引起他們的反感。他們通常十分傳統，而且有著滿足「德高望眾者」和社會習俗的全部規定的使命感。

當**仁慈**的機能高度發展時，會使一個人展現出同情、仁慈、慷慨和博愛。這些人是利他主義者，而且永遠準備好做下一次的善舉。他們的行動是受到感情的驅策，而不是理性和判斷力，而且他們的商業交易所依據的往往是友情和個人情感，而非冷靜的商業判斷力和策略。他們對於已投注同情和感情的對象很慷慨，而且太常被玩弄他們無私天性的自私者佔便宜。他們太常被認為很「隨和」，所以常因此被利用。在與這些人打交道的時候，業務員的個人觀察力是非常重要的。

從這幾種機能裡，又衍生出許多不同的個性組合。雖然確實可以有無限種組合，但是為了方便起見，我們可以將大部分的購買者歸類為幾種普遍的類別。現在就來談談幾種較常見的類別，然後看看這些機能如何在組合中展現出來。

爭論型購買者。這種人可以在和業務員辯論、吵架和爭執中找到他最大的樂趣——為了目的而爭論，而不是為了真理或利益；這種特性來自於好鬥和破壞性。別對這些人太認真，就讓他們去享受在小事情上贏過你的勝利感，然後再溫和地哄誘他們進入銷售的話題。他們頂多要爭論的是用詞、定義、形式等等，而不是**事實**。就讓他們自己去決定定義、用詞和形式——然後循序誘導到你已經順著爭論而安排好的商品上。然而，假如爭論是基於真正的推論而且可能合乎法理，就要沉著且尊重地和他講道理。

自負型購買者。這種人滿腦子期待受到讚許，我們在前面告訴過你關於這種人的特性。用他自己的規格對付他，給他特別屬於他那種人的專用餌——他就會上勾了。在表面上順從他，你可以不用對立且不著痕跡地帶入你的論點和推銷內容。可以用「就你自己的購買經驗所知」，或者「就你做過的最佳判斷而言」等等做為開場白，你可以不帶太多反對觀點陳述你的故事。總之你一定要讓他覺得，你知道自己站在一個了不起的人物面前。

「石牆」型購買者，這種人有強烈的自尊和堅定機能。我們之前告訴過你關於這種人的特性。你必須從上頭越過、從底下挖地道通過，或繞著他態度保留又頑固的石牆來攻擊。就讓他保有一座完整無缺的牆——他喜歡它，從他手中奪走實在太可惜了。稍微仔細的搜索一下通常會發現，他的側面或背後門戶洞開。他不會讓你從前門進去——所以，繞到廚房門或是客廳的側門那邊——那裡沒被看守得那麼嚴謹。

煩躁型購買者。這是期待讚許和好鬥的不愉快組合，與消化不良和神經失調有關。別和這種人爭吵，讓他的態度像鴨子背上的水不著痕跡地滑落，然後消失。繼續你的銷售話題，無論發生什麼事，一律保持冷靜、自信，並且以平穩的語調說話，這種做法會讓他平靜下來。如果你表現出不怕他、不能被激怒的樣子——如果你的語調堅定、掌握得宜、不大小聲——他會漸漸地緩和下來，符合你的步調。如果你控制不住自己的脾氣，你也可以就此罷手。別理會他在「耍脾氣」——如新思潮的朋友們所說，就當它不存在。

「盛氣凌人」型購買者。這種人有著巨大的破壞性和強烈的自尊，並且喜歡自己安排事情，他會試著踩到你頭上。保持冷靜，心平氣和，沉著、堅定，但是態度尊重。不要讓他「惹惱」你，這種人往往是在「虛張聲勢」罷了。繼續做你該做的事，別被他嚇跑。這種人通常只不過是紙老虎，不像第一眼看上去那般凶神惡煞。保持堅定沉著，是與他們打交道的基本策略。

謹慎型購買者。通常這種人謹慎和耐性的機能發展得很成熟，但是希望的機能不足，這種人既保守又膽小。避免用「新的」東西或「試驗品」嚇著他。如果你賣的是新產品，就想法辦把新產品和他所熟悉的東西混雜在一起——把新的陌生東西和舊的熟悉東西扯上關係。還有，說話時要保守、小心，不要讓他覺得你是激進分子或這是「新型詐騙手法」。在面對這種人的時侯，要做一個「舊風格的人」。

狡猾型購買者。這種人的狡猾機能很發達——他應該出身於狐狸部落。這種人喜歡自己策劃事情，所以，關於你的產品的各種用途，如果你能盡量給予他足夠的暗示，加上意味深長的眼神，他就會朝那個方向去找出策略，然後認為全部都是他自己想出來的，他便會感到開心、有興趣。讓他知道你很欣賞他的精明，尤其是假如他顯出一副想要得到讚美的樣子。但是，假如不是的話，最好讓他以為他運用了自己與生俱來的長處騙過你。不過，大部分狡猾的人都對這種長處感到自豪，對自己的特質有一種自鳴得意的欣賞。

尊貴型購買者。這種人的自尊心很強烈，而且或許也很喜歡得到讚美。不管是哪一種情況，都要讓他扮演天選者的角色，而你扮演好你的部分就行。你的部分是運用你的態度和語氣，表現出認同和尊重他的尊貴的樣子。他的尊貴有可能是真的，有可能是裝出來的，但不管怎樣，他會喜歡你的認同和尊重。想像你自己站在你所尊敬的曾祖父或主教面前，其餘的就簡單多了。我們知道有一位天性快活但不夠謹慎的業務員，他失去了這種客戶的大筆訂單，因為他用手去戳客戶的肋骨，還罵對方是「糟老頭」。客戶幾乎被氣到中風——而那位業務員失去了一大筆生意。

「吝嗇」型購買者。這種人的動力是「欲求不滿」，他會打從一開始懷疑你，因為他覺得你想賺他的錢。別怪他——他天生就是那樣的人。相反的，你要把他的注意力轉移到別的目標上，你可以立刻插入話題說你有能讓他賺錢、或是能幫他省錢的東西。強調這些重點，你就能引起他的好奇心。然後朝著同樣的方向操作——讓他賺錢或幫他省錢——他所能吸收的就只有這兩種論點。

知識型購買者。這種人行事幾乎完全仰賴他的理性和判斷力，他們是稀有動物。當你遇到這種人的時候，放棄所有操弄弱點、偏見或情感的企圖，並且嚴正地讓自己集中在合乎邏輯和理性的言談、建議和論點上。別企圖詭辯，從錯誤的前提上說理，或提出其他謬論。開門見山地說，把重點放在事實、數字、原理和邏輯上。

到目前為止，我們談過了購買者的自主或外部心理。現在我們要看看購買者的非自主或內部心理。心理學家用來指稱這兩種心理層面的詞彙還有很多——重點是，關於在銷售中運作的心理層面就只有這兩種。我們不想著墨在它們的實質內含或名稱，就只要看看它們是怎麼運作的。

暫時拋卻現行的心理學理論和術語，現在讓我們簡單地看一下購買上的一些心理要素。稍微思考一下，你會了解，一個人的心理有兩部分——或是兩種活動的層面。首先，其中一個部分的心理，行為上就像高等動物、野蠻人和兒童一樣。也就是說，它靠著衝動而行動，不受意志的約束。它很容易分心，很難維持注意力，除非喚醒了它的興趣和好奇心。它是好奇的，喜歡新事物，好問，衝動，容易被說服朝某個方向思考，容易受到印象的影響，肯順從建議，富模仿力，容易慌張，易於「服從領導者」，情緒化，仰賴感覺而非理性，易於說服和哄騙，對於某種被激起的欲望，反應幾乎是自動的。我們可以把這部分的心理視為古代人的遺傳——直覺心理——在人類的智慧達到巔峰之前的基本心理。不管一個人的發展有多高，他都擁有這部分的心理。也不管一個人多麼能夠掌控它，它永遠都在那裡，是他另一個心理的背景和基礎。每個人自我控制的差異幾乎都取決於另一個心理，也就是我們現在所要探討的——自主心理，思維和意志是其中最主要的元素。而我們剛剛提到的那個層面，可以叫做非自主心理，欲望和感覺是其主要元素。

自主心理是在人類演化的過程中發展出來的，它在大多數人身上幾乎不會如一般人所想的那樣，有那麼高度的發展。大多數人是非自主心理佔支配地位，容易受到感覺和欲望——而非思維和意志——的影響。自主心理高度發展的人，重視思維甚於感覺，重視意志甚於欲望。他們把感覺交付給思維去審查和核准，並且把欲望託付給意志去檢驗。我們習慣把意志視為一種抑制行動、而非推進行動的東西——但是在大部分的實例上，它的作用是檢查欲望的行動。發展成熟的意志，其主要職責之一是阻止或克制，而阻止取決於判斷或思維的決定。動物、野蠻人或兒童幾乎沒有這種力量——一般人多過兒童或野蠻人，但少於意志發展成熟的人——意志發展成熟的人有比較好的自我控制力，而且會讓他的判斷力和意志力，藉由阻止或克制來控制他隨情緒而浮動的欲望。每一個人都有這兩種層面的心理——非自主性和自主性——然而，後者所展現出來的發展和力量程度有無限種。在每一個非自主心理的背後，是具保護性的自主心理——相同的，在每一個自主心理的背後，無論這個自主心理有多強大，都有一個在限制和掙扎中焦躁不安的非自主心理，企圖逃離主人的視線，並且以自己的方式表達自我。而這個主人往往鬆懈了它的注意力，或是對這種費力的工作感到厭倦，然後像老鼠一樣躲藏起來的天性，「等到貓兒一走就跑出來玩了」。

也許業務員可以藉著把這兩種心理層面想像成事業上的兩個合夥人，來記住將它們分類的方法。業務員想要保障公司的交易，其中一個合夥人的個性隨和，具有好奇心和孩子氣的興趣，可以開玩笑，容易被說服和哄騙，而且很顯然是依據他當下的欲望和感覺來行事，容易被人一眼看穿他想要什麼，渴望留下好印象，說「好」比說「不」容易——容易順著別人的心願而難以反對，有點虛榮但彬彬有禮，這位合夥人的名字叫做「隨和弟」。另一位合夥人屬於完全不同的類型，他既冷漠又精於算計，很少展現出感覺或情緒，一切都要經過他的理性和判斷，不會因為支持或反對的偏見而動搖，總是精打細算，討厭有人試圖哄騙或逼迫他，他的名字叫做「難相處」。

在「隨和弟」和「難相處」的公司裡，工作是有劃分的。「隨和弟」在公司裡有好多事情要做，負責照料許多特別適合他性情的事情。而「難相處」負責採購，因為經驗告訴他，「隨和弟」並不適合這項任務，因為「隨和弟」太容易感情用事，也太容易受到影響。不管怎樣，「隨和弟」從來沒有辦法說「不」，而「難相處」總是很難說「好」，所以由「難相處」來負責採購。當有業務員在講話時，「隨和弟」總是「到處閒晃」，因為他天生好奇愛問，而且嫉妒（但不是怨恨）「難相處」在這件事情上的權威。有時候他會插嘴，「難相處」便讓他說，有時候還會用較小的採購案來滿足他。因為，儘管有基於職責的安排，但身為一個事業夥伴，他也必須在需考慮的事情上做些協調。奇怪的是，「隨和弟」一直有一種想法，他認為自己是個很理想的採購者，實際上比「難相處」好太多了，而且他也不放過任何機會去展現他那自以為是的特質，儘管事實上他常常搞砸了。

由於「難相處」時常太忙碌，以致於他沒有辦法把全部的注意力放在採購的工作上；或者有時候他比較疲倦，判斷力沒那麼好，容易受到「隨和弟」的影響；又或者有時候他對購買物的某項特點很感興趣，以致於忽略了其他方面——在這種時候，「隨和弟」會「趁機」在採購工作中插手。拜訪這間公司的業務員非常了解這種情況，就想辦法讓「隨和弟」插手，變成由他負責他們的採購案。他們可以對他予取予求，他知道得愈多，他們的機會就愈大。當他想為所欲為的時候，連月球上的冷僻土地或沒有電鍍的金磚他都買得下手。當被哄騙、說好話或誘導時，他喜歡說「好」。不過，能提出有利的買賣的業務員，就跟「難相處」處得很好，因為當買賣以合理的商業方式呈現和說明的時候，「難相處」是可以溝通的。然而，即使是這樣的業務員也覺得「隨和弟」是一位寶貴的盟友，因為當「難相處」在忙或沒辦法去聽業務員說明的時候，他就會「幫忙」聽。所以，他們都覺得讓「隨和弟」在場，待在「難相處」的身邊很重要。有的人宣稱，找到一個讓「難相處」轉移注意力、然後讓「隨和弟」負責採購的方法。甚至有傳言說，當「難相處」在飽餐一頓之後小憩一下時，有些寡廉鮮恥的人剛好在附近，就用可恥的手段玩弄「隨和弟」的弱點。公司否認了這則傳聞，但是在倉庫的最裡面有一道門，裡頭鎖著一堆舊金磚，保險箱裡也有一整疊印製精美但沒價值的金礦股票，以及一張四分之一藍色天空的出讓契據——所以，傳聞中的事件也許有幾分真實。

每一個心理都是「隨和弟和難相處」的公司，兩個合夥人都很突出。在有些情況裡，「隨和弟」比他那個較能幹的合夥人更容易動搖和受影響；在另外的情況裡，他們擁有相同的權威；在第三種情況裡，「難相處」堅持自己的正確性和能力，而「隨和弟」必須坐到後座受保護；但是同樣的原理在他們身上都適用。世界上了解事業真實運作狀況的人，都會考量這一點。如果有任何人懷疑這段心理學現象的陳述，就讓他分析他自己，並且回顧他自己的經驗。他會發現，「隨和弟」以往在他身上玩過許多糟糕的把戲，而「難相處」也不只「怠惰」過一次。然後讓他開始分析他接觸過的其他人——他會看到與我們所述相同的業務狀況。這種事沒有什麼神秘之處——全都符合已知的心理學定律。有些以業務員為主題的作者相當嚴肅地向我們擔保，「隨和弟」部分的心理是一個「較高層次的心理」——實則不然。它屬於心理發展的本能階段，而非理性階段。它是古代人的遺傳，古老到那時候的人完全依據感覺和情緒而行事——就在理性走上發展的舞台之前。假如它的層次「較高」，那為什麼事實上它在發展度較低的種族和個人身上展現得比發展程度較高的人更多更明顯？這個部分的心理賦予一個人活力和能量，但是，除非它能受到思維和意志的控制，否則它只是一道詛咒。

第四章

接洽前的準備

幾乎所有推銷術的老師或作者都很看重所謂的「接洽前的準備」，從字面上可以看出，就是導向和購買者接洽或面談的準備工作。

我們在「業務員的心理」那個標題下所討論的，其實就是接洽前準備的一部分，因為它就類似業務員為了和購買者面談所做的心理準備。但是，接洽前的準備不是只有這樣而已。接洽前的準備是一種活動上的規劃——有人稱之為「策劃勝利」。它是在作戰前累積彈藥，以及計劃策略。麥克本（Macbain）說：「接洽前的準備，是成就一位業務員的基礎工作。其中包含所有他取得的資訊，而且這些資訊在他制定銷售方法的時候非常重要……一件銷售案事實上就像蓋煙囪一樣，搭建基礎的鷹架所花的時間，比鷹架搭好之後再蓋永久結構所花的時間還要久。」

首先，對你的商品有正確且完整的了解，是接洽前準備很重要的一個部分。太多人急於制定方法，卻不了解他們要賣的東西。光知道品牌和價格是不夠的——一個人應該從頭到腳、從裡到外的去了解他的商品，包括從未加工的原料到精緻的成品。他應該十分熟悉自己的商品，如此他才能隨時取得完整的相關資訊，然後他才能海闊天空地去規劃銷售策略。對一個人的商品種類做稍微仔細、認真、理性的研究，所能提供的不只是有效的武器，而且也能給予他在沒研究之前不會有的一種確定感和信心。別人會怎麼看一個不了解動物的自然史老師？許多業務員對於他們的商品就是這麼無知。

業務員對他的商品所應了解的程度，應該透徹到能夠寫一本關於它們的專書，或是能夠在一群完全搞不懂它們的專家和民眾前做展示——後者也許是最難的部分。他應該要有能力對使用過類似產品的老手說明它們的特殊優點和特徵，或者向從未看過它們或忽略它們的用法的人，簡單明白地說明它們的用處。我們認識的一位業務員，他年幼的兒子要求他說明收銀機的用法，而他也照做了。他告訴我們，在講解收銀機的過程中，他所學到的比他在工廠的「業務員學校」裡的技術展示過程中獲得的更多。向客戶炫耀自己在商品上的知識，不見得是每個業務員的策略

——這種方法會令客戶厭煩——不過，他應該要知道關於商品的一切。了解自己的商品的人，就像把腳扎根在堅硬的岩石裡一樣，無法被撼動；而扎根在「一知半解」的流沙裡的人，總是身處險境。

在接洽前的準備中較流行的支線，是對客戶的知識。關於客戶的特點、習慣、喜好及厭惡等，盡量取得相關資訊。盡你所能地找出關於他工作的一切、他做生意的方法，以及他在工作上的經歷。馬克本說：「只要是潛在客戶的相關資訊，沒有不具價值的。另一方面，對於你要接觸的人，知道他一、兩項特點也就足夠了，其餘的要仰賴業務員敏銳的直覺。當然，前提是業務員要能夠叫出他客戶的名字，在第一次見面時正確地唸對對方的名字，是基本的要求。其餘的知識要彙整起來，並且依重要性來排序。」

有許多方法可以取得你的潛在客戶的相關資料，如果你自家公司的業務員曾經跟他打過交道的話，你的公司會是一個主要來源。其他業務員提供的資訊，也可以加到你的資料庫裡，但這裡要當心，別對客戶產生成見，或是被關於客戶態度和特點的負面報告嚇著了。皮爾斯說：「潛在客戶的優良特點似乎才值得打聽，你所要抱持的信念是，不去聽別人說你客戶的壞話，你就不會在想像中自行加重你不想遇到的特質。曾經有一筆生意被取消了，因為有人說那位客戶是『世界上最小氣的人』。因為這句話而擔心到驚慌失措的業務員用了錯誤的方式對待客戶，結果惹惱對方，失去了訂單。」

飯店接待員——或是好一點，飯店經營者——通常對他們鎮上的商人的消息都很靈通，雖然我們往往可以透過這樣的管道取得寶貴的資訊，但是在採信他人對客戶的意見之前，我們必須先評估飯店人員的判斷力和經驗。有時候飯店人員也是透過客戶而取得他們競爭者的相關資訊，勉強可以湊和著用，不過在這種情況下的個人偏見必須打點折扣。業務員最好把這些事前報告做成紀錄，歸檔，在需要時才能拿出來參考。有些業務員為了這個目的特別準備了卡片索引，他們發現非常有幫助。

另外，在接洽的事前準備上非常重要的一點是，你要培養適當的心理態度。在你能把任何事情做對之前，你必須先正己身。對此，皮爾斯說：「有人說，銷售商品最大的禁忌是恐懼。事實上，對此你唯一害怕的是你無法做成交易——拿到錢。但是，如果你不管這個問題，說：『現在，我不在乎能不能做成這筆交易。我只知道一點：我很誠實，我的商品貨真價實，如果這個人不想要的話，還有一堆人在排隊等著呢。』你會發現，恐懼就像陽光下的迷霧一樣，漸漸的消散掉了。恐懼無法活在微笑、信心、對企業和商業的知識存在的地方。」

相關的資訊，請重新閱讀在「業務員的心理」那一章裡我們告訴過你關於「我」和「自我尊重」的地方，寫這一章的目的是為了用在像前述討論中的那種案例上。如果你能夠理解你內在的「我」，你的恐懼就會很快的消失。記住，「除了恐懼本身之外，沒有什麼好恐懼的」。

許多成功的業務員聲稱，他們藉著灌輸自己一種想法而克服了自己早期的恐懼和膽小，即拜訪客戶的目的是為了他好——業務員拜訪客戶，對他而言是件好事，即使他並不知道——而業務員必須排除萬難地為客戶做那件好事。雖然也許有些人覺得這很荒唐，但你會發現它在許多案例裡真的有用。而且，它所根據的也是事實，因為如果商品很好，價格也合理，那麼業務員就真的為那位客戶做了件好事。

現在，我們要告訴你逐步走向「徹底相信你自己的主張」的必要性。你必須在心裡想像，假如你站在客戶的立場，你一定會想從商品上得到好處。在說服客戶之前，你必須先說服你自己。我們認識的一位廣告人告訴我們說，他從不對自己所創作的任何廣告感到滿意，直到他能讓自己相信，連他自己都想買那件商品。他是對的，如果業務員能夠仿效他的做法，也會得到好的結果。熱忱和信念是會傳染的，如果你完全相信一件事情，比起假若你不相信那件事情的話，你更可能讓別人也相信它。你必須學習先向自己推銷，然後你才能向客戶推銷。

荷爾曼（W. C. Holman）在《推銷術》中說：「一個人無法讓別人相信他所相信的，除非他自己是最誠摯相信的人。德懷特．穆迪（Dwight L. Moody）以其誠摯的簡單力量，撼動了無數的聽眾。沒有人聽了穆迪的演講而不說：『這個人完全相信他自己所說的每一個字。如果連他對自己所說的話都有如此強烈的感受，那麼他的話一定具有參考價值。』如果每個業務員都能夠理解潛在客戶的態度有多麼倚賴業務員自己的心理態度，那麼當他開始接洽潛在客戶時，他就會像攜帶樣品箱那般小心地去建構正確的心理態度。要做到這點很簡單，他所需要的就只有，在他開始向自己舉出自己的主張中所有有力、令人信服的重點之前，先『清點存貨』——認為他所賣的商品有優良的高品質，在腦海裡想一遍產品的傑出特點，想想曾經向他購買過產品的眾多客戶，以及給其他客戶一些應該買他的商品的絕佳理由。換句話說，在業務員開始向別人推銷商品之前，他要先向自己推銷。他應該在每天開始工作的時候，先練習把東西賣給自己。」

有心學習的人，應該讓自己透徹地熟悉「培養個性」以及「創造與維持適當的心理態度」中的暗示和自動暗示的創造力。這類叢書裡的《暗示與自動暗示》這本書，提供了運用自動暗示的理論、原理和方法，了解的人將不再是自己心理態度的奴隸。相反的，他可以創造和維持他視為在任何時候都適當和需要的心理態度。

最好的癒療系作家之一荷爾曼，舉了一個關於業務員運用自動暗示的有趣例子。他說：「我所知道最好的業務員之一，為自己準備了一份他所謂的問答集。他習慣每天早上開始工作之前，先讓自己溫習一遍。如果有時間的話，通常他會唸出聲音來。他會以平靜的語調唸出問題，但是他會用盡他所能最誠摯的語氣去回答。他的問答集大致如下：

『我是否為一間優質公司工作？是的！』

『我的公司是否是這一行裡具有最佳名聲和威望的公司之一？是的！』

『我們是否已經成交過成千上萬筆生意，就像我今天要做的銷售一樣？是的！』

『我們是否有無數滿意的使用者？是的！』

『我所賣的是不是世界上最好的產品？是的！』

『我所賣的東西價格是否公道？是的！』

『我要拜訪的客戶，是否需要我所推銷的產品？是的！』

『他們現在是否了解那項產品？不！』

『現在他們不想要我的產品，也還不想買，這就是我要拜訪他們的理由嗎？是的！』

『我要客戶花時間和精神讓我介紹產品，這個要求合理嗎？我願竭盡所能，是的！』

『如果有辦法的話，我是否要走進每一個我所拜訪的客戶的辦公室？是的！』

『我是否要向今天所拜訪的每一個人賣出商品？當然是！』」

對於上述由荷爾曼提到的「問答集」，我們會說，如果一個人願意努力到這種程度——問這些問題並且真誠的回答——也會在這一整天裡貫徹這樣的精神，他就幾乎所向無敵了。這種精神就是輕騎兵衝鋒隊、拿破崙、挪威戰士等為自己開創道路的精神。像這樣的人才能夠創造機會，而不是乞求機會。像這樣的人容易受到激勵，讓自動暗示的力量提升到N次方倍。試試看——你在事業上會需要它！

接洽前準備的第二個階段是與潛在客戶面談。在許多案例裡，業務員只要走到潛在客戶面前，就保證能有面談的機會；而潛在客戶就在店裡或辦公室裡，清楚的呈現在業務員面前，他們之間沒有什麼可以阻礙這次的接洽。這樣就算是通過接洽前準備的第二個階段了，之後立即進入實際上的接洽。但是在不同的情況下，尤其是在大城市的大型辦公大樓裡，潛在客戶的辦公空間是個人辦公室，業務員的造訪被接待員甚至是工讀生擋住，結果在取得面談的機會之前還要經過重重關卡。在許多案例裡，「大人物」（或是希望被認為是「大人物」的人）用這麼多的繁文縟節把自己包裝起來，使得業務員必須冒險通過內堂警衛的攻擊，加上機智、手腕、心理態度和策略的應用，才有可能「接近他想要的人」。

馬克本在他的著作《推銷》裡提到這個階段：「在接洽前的準備和實際接洽之間，有時候存在著一段考驗期。潛在客戶讓業務員久候——可能在辦公室門外和視線之外，或是在辦公室裡潛在客戶的面前——並不是什麼不尋常的事。這就是所謂的『令業務員的神經斷線』。這是常見的手法，認為盡量讓業務員緊張，會使他無法順利地接洽客戶。其中最常見的一種形式也許是，當潛在客戶似乎忙於投入他辦公桌前的公務並且讓業務員站了無限長的時間時，突然抬起頭來看他。這特別會讓年輕人一時間手足無措，但是有經驗的業務員看得出來，那個人若不是很忙而且討厭工作被打斷，就是害怕不小心講了之後會後悔的話。於是業務員開始自我介紹，而且決不顯露不知所措的樣子，因為這件事能幫助他仔細地推敲他所要接洽的那個人顯而易見的特點。」。

在許多案例中，這樣的久候是多少了解心理學定律的潛在客戶為業務員特意設計的——因為這種知識絕非僅限於業務員，購買者在許多情況下也會設計。在西洋棋裡，能夠保障棋子「移動」的安全，對下棋者來說是一項重大優勢，然而，這跟「先下手為強」是相當不一樣的。兩個實力相當的人之間的交易或面談，在心理學上存在著某種很像西洋棋「移動」的東西。這種東西對有保障棋子安全的人來說有著明確的優勢，值得一搏。這種東西很微妙，而且幾乎難以言喻，不過對每一個應付過這種事情的人來說，是很明白的。它看起來比較像是一個心理權衡和考量的問題。如果業務員權衡與考量得很好，他對買主而言就是「積極的」，而負責聽的買主就屬於消極的角色。到目前為止，業務員已經「走一子」了，但是之後如果潛在客戶棋高一著，他有可能會輸。唔，我們現在回到「久候」的階段。潛在客戶打亂了業務員的自信，利用讓他坐在冷板凳上焦慮地空等來「使他的神經斷線」，這種人往往在想辦法「吃掉」業務員的一子。這時候，除非業務員了解心理學才能避免這種結果。空等是心理學清單上最會使神經斷線的心理狀態，只要是體驗過的人都懂。當心別「失掉一子」。

若想越過辦公室外的防禦柵欄，有個重要的因素要注意，那就是意識到我們之前提過的自我尊重和領悟到「我」。對外部工作有所警戒和有所準備的人，就保有這種心理態度。如皮爾斯所說：「記住，你不是在請人幫忙，你不需要為任何事情道歉，你有絕對的理由抬頭挺胸。而提升業績，就是抬頭挺胸所帶來令人驚喜的好處。我們看過業務員堂而皇之的進入百老匯買主的辦公室，就是靠著頭抬挺胸的氣勢。」不過，別忘了，是心理態度在支持一個人的生理表達，這才是這番話的精神所在。

所以，心理態度和生理表達本能地影響了一個人在別人面前的表現。我們可以從街上的男孩對小狗的態度和行為中，看到同樣的事情。有隻流浪狗在街上走著，它的耳朵下垂，表情畏畏縮縮，目光懦弱，尾巴夾在兩腿之間。看到它退卻的樣子，頑皮的孩子很容易想要踢它或對它丟石頭。另一隻懂得自我尊重，精神攫爍的狗走了過去，它無懼地與男孩的眼睛對視，顯出自我尊重的感覺和無時無刻都在支持它的力量。那隻狗當然得到相應的對待。有些人所顯露出來的態度根本不需要他開口要求尊重和重視——那已經是他們的權利和特權。人們會讓路給他們，在車上也會為他們挪出空間。得到以禮相待的人，不見得是配得上的人或具有良好特質的人——他可能是個具有自信的人，或者就是個騙子。但不管他是什麼樣的人，他所顯現出來的氣度和個性，都賦予他一副有助於通過重重困難的「優質外表」。我們在這件事情的背後看到了具有權威和較高地位者的心理狀態，他們能夠製造顯而易見的真誠個性和氣度，有自信的人只不過是拿出一張偽造得很好的通行證，再加上精湛的演技罷了。

業務員往往需要把自己的名片送到辦公室裡面。他的名片應該以最容易得到認同的方式呈現，只要簡單的印著他的名字，例如「約翰·傑·瓊斯」，再加上業務名稱。如果他從一個大城市來到一個小鎮上推銷，他的名片上可能會寫著「紐約」、「芝加哥」、「費城」、「波士頓」等等，也許在名片的一角。但是如果業務員的業務名稱出現在名片上，潛在客戶往往就在腦海裡——未與業務員互動討論的狀況下——自行想像一遍交易的情形，而婉拒了面談。名片上只印業務員的名字而沒有業務名稱，往往並不會令對方猶豫，反而會勾起他的興趣或好奇心，對保障面談有實質上的助益。

除了潛在客戶以外，要不要跟任何人討論業務，專業權威之間秉持著不同的看法。事實上，這似乎大多取決於每個案子的特殊情況，待銷售的商品特性，和潛在客戶的部屬的個性和立場。

有一派權威堅信，把你的業務告訴一位部屬是非常糟糕的策略。如果堅定但有禮地告訴他，以你的業務性質而言，你只能親自跟那位潛在客戶討論，這種做法要好太多了。否則那個部屬會告訴你，他的主管已經考量過這個問題，而且他也得到相關的全部資訊，並且接獲命令說不要再用這件事去打擾他。

另一派權威則認為，在許多狀況下，或許可以稍微利用一下部屬。對他以禮相待，顯出相信他的判斷和權威的樣子，贏得他的好感，讓他對你的提議產生興趣，然後想辦法讓他在上司的面前幫你「說好話」。據稱，那天之後的電話，往往能夠證明這個策略的成功，因為那個部屬將會鋪好你的面談之路，而且他也真的用影響力和推銷的話術幫了你一個大忙。他們認為，有些業務員和以這種方式接觸到的那些部屬，形成了永久的「同袍之誼」。

然而如我們之前提過的，結果似乎大多仍取決於個案的特殊情況。在有些案例中，部屬只是一個「用來保持距離」的東西或「防波堤」；而在其他案例中，部屬是一位有自信的員工，潛在客戶會衡量他的意見，而他的好感和幫助就是一種保障。不過，在任何事情上，得到在「外庭」的人的尊重和好感是有利的，因為他們往往在幫助或傷害你的機會上有很大的影響力。我們就聽說過有部屬「刁難」業務員的情況，因為他們覺得被冒犯。但是我們也聽說過，有的部屬被業務員取悅而幫忙「推了一把」。原則上，交友總是比樹敵好——從工讀生開始。許多優良的戰士都曾經被小石頭絆倒過，再強壯的人也可能死於蚊蟲叮咬。

下列的忠告來自於寶來公司（Burroughs Adding Machine Company）芝加哥分部經理吉倫（J. F. Gillen），說得相當中肯。吉倫在《推銷術》雜誌裡這麼說：「尚未證明其秉性的業務員——這種人，很遺憾的，缺乏自信——在進入他希望能給他訂單的大人物、富豪或具有影響力的人的私人領域時，會被自己的微渺感打敗。老闆辦公室裡一片忙碌的情景令人嘆為觀止，這裡有一項為了保護老闆不受干擾而設計的鐵則，即禁止未受邀的業務員進入；於是一堆員工都受到約束，不會讓任何像這樣的拜訪者進入；這兩者結合起來，令尚未經歷過考驗的業務員肯定了他的無力，讓他覺得自己根本沒有合理的理由出現在這裡。他的確沒有，如果他從繁文縟節、規定和顯貴中感受到的畏怯，遮蔽了他原本從自己的主張中看到的吸引力，吞噬掉他應有的自信以及他激起潛在客戶熱忱的能力……你如果相信自己能向潛在客戶證明你的買賣是有趣的，而且他和你做買賣將能獲益，你就有權利覺得，那個用來阻擋業務員和他見面的規定並不是用來限制你的。用這種信念來說服你自己，那麼傳話的接待員所表現出的嚴厲拒絕就不會令你不安。你會發現自己得到了勇氣和智謀，當你想知道潛在客戶是否在辦公室和他是否能立即接見你時，你足以應付能言善道的老練秘書的推託之辭，以及看看是不是有什麼方法能夠將你的業務告訴任何除了他之外的部屬。一旦你確實肯定了你自己的立場，你就打贏了這場戰役最艱難的部分……如果你能保持冷靜並且運用你的大腦，你就可以見到潛在客戶，跟他講話，不管任何阻礙的干擾。」

永遠記得這點：推銷術的心理學不僅適用於潛在客戶，也適用於阻擋你見到潛在客戶的人。部屬有心理、機能、感覺和心理狀態的優缺點——他們就跟他們的雇主一樣，也有心理特點。對他們的心理特點做一些仔細的研究，你會得到回報——

它有它的規則、定律和原理。這是小業務員常常忽略的一點，但是『大』業務員可是看得一清二楚。進入潛在客戶心理的捷徑，就是直接穿過辦公室外那個人的心理。

第五章

購買心理學

最後造成購買行為的，是購買者在其心理歷程中所展現出來的幾個階段或層面。我們很難在這些階段和結果之間整理出一條明確的規則，因為不同的人有各種不同程度的性格、傾向和心理習慣，此外，每位購買者所表現出來的感覺和想法都有相似之處，而所有人在每宗首次購買上又都會遵守某種邏輯順序。結果，當然，我們也會在每一宗首次購買上發現這些原理和這種順序，無論購買的動機是來自於廣告、商品展示、推薦，或是業務員的努力。在每一個案例中的原理都是一樣的，而且心理狀態的順序也都相同。現在讓我們以這幾種心理狀態的一般順序來探討它們。

每位購買者在首次購買行為上的幾種心理狀態，依它們通常呈現的順序羅列如下：

一、不自覺的注意。

二、第一印象。
三、好奇。
四、因聯想而產生的興趣（以下稱為「聯想興趣」）。
五、反覆考量。
六、想像。
七、傾向。
八、衡量。
九、決定。
十、行動。

我們在這裡用「首次購買」，是為了與同一項產品的重複購買和後續購買做區別，在後者的例子裡，心理歷程簡單的多，而且所包含的只有認同購買傾向或習慣，以及訂購商品，並沒有首次購買時那麼複雜的心理運作。現在讓我們繼續探討首次購買的幾個心理階段，依照邏輯順序如下——

一、不自覺的注意，這個心理狀態是注意的基本階段。「注意」並不是一種心理機能，而是將意識集中在一個目標上，並且暫時排除其他所有的目標。這是在心理將注意力轉移到一個目標上，這個目標可以是外部的，例如一個人或一件東西；也可以是內部的，例如感覺、思考、記憶或想法。「注意」可以是自主或自覺的，也就是，在有意識情況下受到意志的引導；或是非自主或不自覺的，也就是，在未意識到的情況下受到本能的引導，而且顯然與意志無關。自覺的注意是一種已具備且已開發的力量，是思想者、學習者和各行各業中有智力的人的一個特性。相反的，不自覺的注意差不多就是一種反射動作，或是對某種刺激的神經反應。如海列克所說：「許多人根本跨不過反射的階段。任何偶然的刺激都會吸引他們的注意力，而從研究或工作中分心。」威廉．漢彌爾頓爵士（Sir William Hamilton）做了更細緻的區分，雖然常被這個主題上的作者們忽略，但具有科學上的準確性，故為本書所採用。他的主張是，注意有三種程度或種類：反射或不自覺的，出自於本能或天性；根據欲望或感覺來決定，兼具不自覺和自覺的特質，而且雖然有一部分是出自於本能，但在判斷力的影響之下，也許是可以靠意志力抗拒的；經由理性的反覆考量的選擇來決定，例如在研究、科學競賽、理性思考中等等的情況。

首次購買的第一個心理階段，無疑包含了非自覺或反射性的注意，可能由突然冒出的聲音、景象或其他官能上的感覺所引起。這種非自覺性的注意，它的程度取決於強度、突然性、新奇性或目標的移動。每個人都會對引起這種形式的注意的刺激物有所反應，只是程度不同，而程度取決於每個人當下的專注情況。惹人注目的或新奇的廣告，櫥窗裡展示的商品，業務員的出現——所有的這些東西都會引起人們在本能上不自覺的注意，而購買者會「把心思轉移到」它們身上。這種轉移屬於漢彌爾頓的第一類——對於看到或聽到的做出本能上的反應，而不是欲望或審慎思考的結果。這是注意力或心力的最基本形式，對於業務員而言，它的意義就是：「唔，我看到你了！」有時候潛在客戶太專注於其他事情，以致於他幾乎「看不到」業務員，直到經由直接察覺而獲得了額外的刺激。

二、第一印象。這個心理狀態是把注意到的目標——廣告、暗示、商品展示或業務員——在第一次印象中草率概化的結果，取決於最近一次接觸時的整體外觀、舉止、態度等等，再根據經驗或聯想來解讀。換句話說，潛在客戶對東西或人物，幾乎是以本能和不自覺的方式形成草率的一般看法，可能是有利的，也可能是不利的。潛在客戶會根據他的經驗和記憶，把這樣東西或人聯想或歸類到與它相近的人或物上。由聯想暗示所造成的結果可能是好的，可能是壞的，也可能無關緊要。基於這個原故，廣告人和櫥窗裝飾者會想盡辦法喚起令大眾贊同和愉快的相關記憶和暗示，並且全力以赴。業務員也同樣地卯足全力，並且在接洽時「講究門面」，以確保有個良好的第一印象。人們受到外表、態度等「第一印象」或「暗示」影響的程度，比他們願意承認的還要多，而且懂得心理學的人很看重這幾個方面。受認可的第一印象，有助於成功激起之後的心理狀態。不討好的第一印象，雖然之後可能會被刪除或修正，但它是業務員應該避免的不利條件。

（備註：購買的心理歷程，現在已從不自覺注意的階段，來到受欲望和感覺而激發的注意，它兼具自覺和不自覺的要素。這種注意形式的前兩個階段，分別叫做「好奇」和「聯想興趣」。有時候，是好奇在前面的階段，有時候是聯想興趣居先，我們待會兒會看到。還有的時候，這兩者幾乎是同時發生的。）

三、好奇。這表示心理狀態已經產生興趣了，但是這種興趣比聯想興趣更基本，是對新事物的興趣。它在原始人類、兒童以及許多基礎發展等級和習慣性思考等級的成人之中，是興趣裡最強烈的一種。好奇是興趣的一種形式，幾乎是出自於本能，它會暗示一個人將注意力轉移到陌生且新奇的東西上。它對所有動物的影響力可說是非常可觀，設陷阱的人早就發現了它的好處。它對猴子的影響之深，已經到達了一種不正常的程度，而人類中發展較淺的人也會展出高度的好奇心。從某種程度上來說，它與生物的原始狀態有關，也許源自於較沒生活保障的古時候，在當時，對新穎的、新奇的和奇怪的景象和聲音產生好奇是一種美德，那不過意味著獲得經驗和教育。不管怎麼說，人類天性中必定有一種出自本能去探索未知和奇怪事物——詭秘事件的吸引力，神秘事物的誘惑力，謎樣事故的強烈召喚，奧秘的魅力——的明確傾向。

業務員在談話的一開始若能以介紹東西引起潛在客戶的好奇心，大有助於勾起客戶的注意和興趣。街角嘩眾取寵的騙子，和大聲吆喝的遊走賣藝者，都很清楚人類天性中的這個原理，所以極力迎合。他們會蒙住一位男孩或女孩的的眼睛，或者弄出奇怪的動作或聲音，以激起群眾的好奇心，把他們吸引過來——在實際呈現出引起他們興趣的東西之前。有些購買者的好奇會發生在聯想興趣之前——對於未知和新穎事物的興趣先於實際的興趣。有些人則是聯想興趣（實際的興趣受到經驗和聯想的激發）先於好奇，後者所展現出來的只是與激起聯想興趣的目標物細節有關的好奇心。還有的情況是，好奇和聯想興趣已經完全混合交織在一起，兩者幾乎合為一體，同時發生。不過整體而言，好奇比聯想興趣更原始、更粗糙，而且在大部分的情況下可以很快地被辨識出來。

四、聯想興趣（因聯想而產生的興趣）。這個心理狀態是興趣的一種形式，它的等級比好奇更高。它是對東西所產生的實際興趣，與一個人在生活中的興趣、他的福禍、愛恨有關，而不只是對新事物的好奇。它是一種後天的特質，而好奇是一種天生的特質。後天的興趣隨著個性、職業和教育而發展，而好奇在受教育前，在有個性的一開始便展現得很強烈。後天的興趣在業務纏身、受過教育和有經驗的人身上展現得較明顯，而好奇在猴子、野蠻人、幼兒和未經教化的成人身上最為顯著。明白了這兩者的關係之後，我們可以說，好奇是根，而聯想興趣是花。

聯想興趣大多取決於聯想或統覺的原理，後者被定義為「使一些觀念或想法觀與我們之前的想法和感覺產生關聯的心理歷程，而那些觀念或想法因此被賦予了新的理解、意義和運用。」統覺是我們以自己過去的經驗、性情、品味、喜惡、職業、興趣、偏見等角度來察覺和思考呈現在我們眼前的東西和想法——而不以它們實際的狀況來看待——的一種心理歷程。我們透過自己的性格和特性來看每一件事物。對於統覺，海列克是這麼說的：「一個女人也許會把一隻飛過去的鳥想成她帽子上的裝飾，把果農想成昆蟲殺手，詩人是歌手，藝術家是精於上色和塑形的人。家庭主婦也許會把破布頭想成要丟的東西，把撿破爛的想成要收集起來的東西。木匠、植物學家、鳥類學家、獵人和地理學家在走過森林的時候，他們眼裡看到的東西都不一樣。」大家都熟悉的教科書故事，正好闡明了這個原理。故事大意是，一個男孩爬到森林裡的樹上觀察路過的人，並且聽他們的對話。第一個男人說：「那棵樹能做成多棒的木材啊。」男孩回答：「早安，木匠先生。」第二個男人說：「那是張好皮。」男孩說：「早安，皮匠先生。」第三個男人說：「我敢說，那棵樹上有松鼠。」男孩說：「早安，獵人先生。」每個人都透過他自己的統覺或聯想興趣去看那棵樹。

心理學家用「統覺團」一詞來指稱用來修改新的認知或想法的過往累積經驗、偏見、性情、傾向和欲望。「統覺團」是一個人真正的「個性」或「天性」。由於個體間的經驗、性情、教育等等的極大差異，所以每個人之間的「統覺團」必定是相異的。一個人興趣的本質和程度，取決於他的「統覺團」或個性，以及用來激發和活絡興趣的東西。

那麼，為了喚起、誘發和把握住潛在客戶的聯想興趣，業務員必須把能夠直接引起他想像力和感覺的東西、想法或暗示呈現在他眼前，而且也要能夠讓他與欲望、思想和習慣聯想在一起。如果那個定義可以不用那麼拐彎抹角，我們會說，一個人的聯想興趣只由令他感興趣的東西引起，而令他感興趣的東西就是跟他的興趣有關的東西。一個人感興趣的東西總是會引起他的興趣——而他的興趣通常是與他的優點、成功、個人健康有關的東西，簡單的說，就是他的經濟利益、社會地位、嗜好、品味和滿足欲望。因此，如果業務員能夠把心理聚光燈投射到這些令他感興趣的東西上，也許就能確認和把握住他的聯想興趣。所以才會有那些依據心理學的人不斷主張：「我能夠幫你省錢」、「我能夠提升你的銷售」、「我能夠減少你的支出」、「我有上等的商品」，或是「我可以給你特別的優惠」等等。

我們承認，商業利益是一種自私的利益，而非利他主義。為了引起一個人對買賣的興趣，必須向他證明，這宗買賣會怎麼有利於他。他不是在經營慈善機構或業務員救濟會，也不是為了自己的健康才做這行——他是為了賺錢，所以為了引起他的興趣，你必須把有利於他的東西呈現出來。聯想興趣的第一個訴求，是迎合他在自我利益方面的感覺。那就像是對一個膽小鬼喊「有老鼠！」或對小孩說「糖果！」一樣。必定要能喚起他腦海裡的愉快聯想，和他記憶中的愉快畫面。假如產生了這樣的效果，他就會飛快地移動到後續的想像和傾向階段。如海列克所說：「所有的感覺都容易使欲望活絡起來……想要之物的代表性畫面，是引發欲望的必要前提。如果小孩從未看過或聽過桃子，他就不會對桃子產生欲望。同樣的道理，我們可以說，如果那個孩子喜歡吃桃子，他便會對桃子有興趣。當你對他說『桃子！』的時候，你就掌握住他的聯想興趣，而這個聯想興趣會製造出一個桃子的心理畫面，接著，男孩會產生擁有它的欲望，然後他會聽你講跟『桃子』有關的事情。」

以下是關於聯想興趣的一般心理學規則：

- 聯想興趣僅限於令一個人感興趣的東西——也就是，限於跟一個人的一般欲望和想法有關的東西。
- 聯想興趣在影響力和效果上會慢慢減弱，除非有新的特質或特色出現——它需要以多樣的方式去呈現目標物。

馬克本說：「從前有一位在中西部做賣買的業務員，大約是三十多年前開始的，一做就是幾十年，他的座右銘是：『我是來幫助你的』。他在概括說明中並未告訴客戶他會怎麼做，他直接切入關係到客戶的重點。他向他們做實物示範，而這樣的親自示範，一出手便使買賣成交。」

一定要記住，在購買中，聯想興趣的層級不同於示範和證明的層級。它是一個發生於實際銷售談話之前的「暖身」過程，它是「解凍」和融化包裝著潛在客戶具有偏見、戒心和不情願的冰冷外表的階段。用概括說明的聯想興趣來為你的客戶暖身，正面、簡要、中肯而有信心地說明你的商品如何有益於他，就有成功的希望。最後，記住，你在這個階段裡努力的唯一目的，是激起他感興趣和期待著的注意！持續吹旺這個火花，直到你得到他如烈焰般的想像和炙熱的欲望。

五、反覆考量。這個心理狀態的定義是：「對所有事情的檢查、質疑或衡量」。它是緊接在好奇和聯想興趣之後的階段，令人想探究激起這些感覺的東西。當然，反覆考量的階段必定發生於興趣之後，且由興趣伴隨而來。它需要經感覺刺激而引發的注意，但是這裡也產生了某種程度的自覺注意。此時的採購心理歷程是處於「我想我會考慮一下這個問題」的階段，通常可以從詢問與商品有關的問題和「總之看看它還有什麼特點」而看出來。在推銷術上，這個反覆考量的階段表示從業務員所做的接洽，移動到示範的階段；表示客戶從消極的興趣變成積極的興趣——從「只是感興趣」到「因為感興趣而調查」的階段。這裡才是業務員的銷售工作真正開始的地方，從這裡，他才要開始詳述他的商品，強調它的優點。就廣告或櫥窗展示的情況而言，在購買者大腦裡的心理運作也是一樣的，只是沒有業務員從旁推一把。廣告的「銷售演說」必定是藉著文字來陳述或暗示。如果「反覆考量」的結果是贊同的，而且論點或文章的字裡行間透露出強烈的吸引特質，那麼購買者的心理就會繼續走到下一階段。

六、想像。這個心理狀態的定義是：「藉著想像的力量或心理機能的運用，使心理設想出和塑造出東西的理想畫面，再透過感官知覺傳遞給心理。」在購買者的心理歷程中，商品激起他的聯想興趣，使這個商品成了考慮的對象，然後想像的機能接受了這個商品，於是努力想像出各種運用商品的方法，或是購買者擁有它的情形。一個人必須運用他的想像力，才能體會東西對它有什麼好處，他能怎麼運用它，它看起來怎麼樣，它要怎麼賣，它會怎麼發揮它的功能，在購買時情況會怎麼「發展」和「順利交易」。盯著一頂帽子看的女士，會運用她的想像力去想像自己戴著它的樣子。盯著一本書看的男士，會運用他的想像力去想像它的使用情況，以及從中得到的快樂。商人會運用他的想像力去想像商品可能的銷售狀況、展示狀況，以及它們適不適合他的買賣等等。也有的人會想像自己很享受從購買中得到的好處。想像在銷售心理學上佔了很重要的一部分，它是欲望和傾向的直接刺激物。

成功的業務員了解這一點，並且用暗示的油來添到想像的火焰裡。事實上，暗示透過想像而得到它的力量，暗示以想像為管道而觸及心理。業務員和廣告寫手用誘人的字眼，想盡辦法激起潛在客戶的想像力。想像是到達欲望的「單線線路」。從想像到下一個心理階段的距離只有一步之遙。

七、傾向。這個心理狀態的定義是：「心理或意志的偏好或愛好；欲望；偏愛。」它是一種「想要」的感覺。欲望是它的前置階段。傾向有許多種程度，從微弱的傾向或對某個方面的稍微偏向開始，一直成長到迫切的需求，不容許任何阻礙或妨礙。有許多詞彙可以用來稱呼各種程度的傾向：欲望、希望、想要、需要、傾向、偏好、偏向、偏愛、癖好、嗜好、喜歡、愛好、喜愛、欣賞、渴望、嚮往、熱望、追求、欲念、渴求、熱切、迫切、貪求等等。

欲望是一種奇怪的心理特質，我們很難嚴密地去界定它。它一方面與感覺有關，另一方面又與意志有關。感覺激起欲望，欲望激起意志，並且竭力地表現在行動上。海列克是這麼描述欲望的：「欲望的目的是，為自己或自己所關心的人帶來快樂或擺脫痛苦，無論是當下或以後的。厭惡或竭力擺脫某事或某物，只是欲望的負面面向。」各種程度的傾向都是被感覺的感染力誘發出來的，而這些感覺是透過想像而來。這些感覺與好幾種機能有關，它們受到想像、傾向或渴望的結果的直接誘惑，而產生刺激、化為行動。受到「欲求不滿」的誘惑所導致的感覺，會產生欲求的傾向和渴望。受到「期待讚許」的誘惑而產生的行為，也會跟它的性質一樣。其他的機能也是如此，每一個成熟發展的機能受到透過想像而來的誘惑刺激而化為感覺，然後產生傾向，傾向又透過意志竭力地表現在行動上。

簡單的說，每一個人就是一大把的欲望，其本質和程度是從他的幾種機能中透露出來，而這些機能來自於遺傳、環境、訓練、經驗等等。經由想像而來的情感誘惑和暗示，能夠刺激這些欲望去接近一個明確的東西。欲望必定產生於或被激發於行動之前，否則意志將會展現於行動之中。因為，至少，我們做事情是因為我們「想要」，可能是直接的，也可能是間接的。所以業務員最重要的目標，就是讓他的潛在客戶「想要」。為了讓他「想要」，業務員必須讓自己了解，他的潛在客戶是在盤算著「為自己或他所關心的人找樂子還是擺脫痛苦，無論是當下或未來的。」在商業中，我們也許可以用「利益和損失」這幾個字來取代「快樂和痛苦」，儘管實際上前者就是後者的形式。但是，即使潛在客戶已經來到了強烈的傾向或欲望的階段，他也不見得會照樣發展下去。為什麼？是受到其他心理歷程的干擾嗎？讓我們在下一個購買階段中一探究竟。

八、衡量。這個心理狀態的定義是：「在心理冷靜且仔細地思考和權衡事實與論點。」這裡呈現出思考和理性的行為——考量與權衡事實、感覺和傾向的心理歷程。因為在心理考量的不是只有事實和論點，也有感覺、欲望和恐懼。純粹的邏輯理性，傾向根據無可辯駁的事實的嚴謹邏輯過程，這是事實——但是純粹的邏輯理性幾乎不存在。比起邏輯，大部分的人更容易受到感覺和傾向的支配——他們的愛和恐懼。有句話說：「人們不追求理性，但追求跟隨感覺的藉口。」在大部分的情況下，真正的衡量是考慮對於各種喜惡、希望與恐懼的可能優點和缺點。

據說，我們的心理是受到動機的支配——由最強烈的動機勝出。我們時常發現，當我們認為自己熱切地渴望一個東西時，我們也會發現自己更喜歡另一個東西，或者對另一個東西的恐懼甚於我們對前面那個東西的渴望。在這種情況下，由最強烈或最迫切的感覺勝出。不同的機能，會各自運用它們的影響力。謹慎壓制欲求，欲求壓制良心，恐懼壓制堅定……等等。衡量不只是考量事實，也會考量感覺。

有部經典法國喜劇的其中一幕，十分清晰地闡明了衡量的過程——衡量各種欲望以及不同動機間的競爭。其中一個角色「傑普」，他的太太拿錢給他，要他去買一塊香皂。他想用銅板買點酒喝，因為他喜歡喝酒。但是他知道，如果被太太知道他這麼浪費錢的話，他會被揍。他衡量喝酒帶來的愉快和被打所感到的疼痛，他說：「我的胃說買酒，我的背說買香皂。」他進一步衡量，可憐的喊道：「我的胃說好！我的背說不好！」背和胃之間的衝突愈演愈烈。然後，決定性的重點出現了，他喊道：「對我來說，胃比背更重要嗎？當然，它比較重要，所以我說好！」然後他昂首闊步地走進酒館。劇中有一處很明顯暗示，他的太太在遠方拿著棍子等他，如果他看到這一幕的話，他就會去買香皂了。或者，假如酒館沒那麼近，結果也許會不一樣。有時候，心理的一根稻草就能破壞平衡。前述的案例包含了心理行為在衡量過程中的全部原理，業務員最好要牢牢記住。

海列克清楚地說明了在選擇中的當下和遠程因素：「當下因素有……一、欲望的前置過程；二、在意識中出現一個以上的代表性東西或結果，提供了不同的行動路線；三、衡量這些東西或結果的個別優點；四、做決定的自主許可，似乎就是構成意志本質的東西。遠程因素極難選擇。故事中的主人翁就是不斷在選擇間掙扎……在有人能夠估量出結果之前，他應該要知道某些遠程因素，其中主要的是：遺傳、環境、教育、個人特質。」或許可以再加上一個要素——也是最重要的：暗示。

業務員小心翼翼地看著象徵衡量的天秤像翹翹板一樣地搖擺，他再把一個象徵有力論點或暗示的砝碼放到天秤上，使天秤在關鍵的階段往他這邊傾斜。他有很多方法可以用。他可以用反面因素來抵銷異議，他在自己這邊加上另一個證據或事實，在另外一邊加上稍微多一點的欲望和感覺，直到他讓天秤往他那邊傾斜。一定要記住，這個「衡量」與對買賣的嚮往程度無關——潛在客戶已經承認他的欲望，不管是直接或間接的，而現在是要想辦法用理性和權宜之計來將他的欲望正當化。他在尋找支持他欲望的理由或「藉口」，或是竭力在矛盾的欲望和感情上取得平衡。他在心裡所爭論的並不是渴望商品的問題，而是買下商品的合理性和可能結果。這是一個「要買或不買」的階段。這是購買過程中一個比較脆弱的部分，令許多潛在客戶表現得像「鋸子」一樣。聰明的業務員一定已經準備好在正確的時機援用正確的論點，對他而言，那就是實物示範的階段。假如業務員努力的結果成功了，最後天秤傾向他那邊，那麼就要進入下一個階段。

九、決定。這個心理狀態的定義是：「決定、確定或解決任何疑點、問題、差異或爭論的心理行為。」能解決在感覺、想法、欲望和恐懼等針鋒相對的機能之間的爭論的，是意志的行為。意志依據理性而行動，但是我們太常看到依據感覺的行動。我們不會進入形上學的討論，不過要提醒你，今日的心理學在實際上所秉持的觀點是「在選擇上贏得勝利的，是當下最強烈的動機」。這個最強烈的動機可以是理性或感覺，自覺的或不自覺的，但一定是當下最強烈的，否則它不會勝出。而這個最強烈的動機之所以最強烈，是因為在那個特殊的時刻裡、那個特殊的環境、特殊的情況和特殊的暗示下，我們把我們的個性或「天性」展現出來了。一個人的選擇，比我們一般所了解的更仰賴聯想，而聯想是受到暗示的激發。如海列克所說：「說明聯想可能具有什麼樣的力量，並非心理學家的責任，他的責任是去查明它確實具有什麼樣的力量。」如齊恩（Ziehen）所說：「我們無法沒有頭緒的思考，但是我們一定可以從正好為目前提供指引的那些聯想的方向去思考。」如果是這樣，業務員必須了解，決定必定是根據一、那個人當時的心理狀態；以及二、業務員所幫忙添加的動機。就看業務員要提供什麼樣的動機，無論是事實、證據、訴諸於理性或激發感覺都好。希望、恐懼、喜歡、厭惡——在大多數情況下，這些都是有力的動機。在商業上，這些東西叫做「利益或損失」。所有的心理機能所提供的動機，也許在衡量的天秤上影響了決定。這就是主張、實物示範和吸引所要做的——提供動機。

（備註：一般人也許會很自然的假定，當達到最後「決定」的階段時，購買的心理歷程就結束了。然而，並非如此。意志有三個階段：欲望、決定和行動。我們已經看過前兩個了，但還沒討論到行動。舉一個大家熟悉的例子：有一位男士，一天早上他躺在床上思考著要不要起床的問題，最後還是決定起床。但是，行動不見得就是結果。行動的板機還沒扣下，彈簧卻鬆開了。所以，現在我們要看看另一個心理狀態。）

十、行動。這個心理狀態的定義是：「讓決定付諸實現。」米爾（Mill）說：「什麼是行動？行動不是一件事情，而是兩件連續性的事情：心理的狀態叫做決定，隨之而來的是結果。產生結果的決定或傾向是一件事情；由於傾向而產生的結果是另一件事情；這兩者加起來，構成了行動。」海列克說：「就意志的完整行動來說，一定有類似於決定的行動。許多決定不曾有一分一秒激起過行動的動機，也未曾引起過注意力。有的人可以在一個早上的時間裡做出十幾項決定，但是從來沒有將其中任何一個付諸實現。坐在舒適的椅子上，也許讓一個人在短短的時間裡就做出需要花幾個月的努力才能達成目的的決定……有些人似乎永遠無法理解，決定去做一件事情和真正在做那件事情是不一樣的……也許有欲望、衡量和決定，但是如果這些不會導致相關的行動，就等於沒完成意志的過程。」許多人決定要去做一件事情，但是缺乏釋放推動力的某種要件。他們容易推拖，遲遲不做出最後的行動，這些人是讓業務員付出許多心力的來源·有些人可以把他們的潛在客戶推到做決定的關鍵點上，但未能讓他們付諸行動。有些人特別適合為這些案子做「結案」，這需要特別的本領——完全要從心理著手。我們應該考慮在後面再增添一章，標題就叫做「結案」。成為一個優秀的「結案者」，是每一個業務員的抱負，因為這是他的專業中最好賺的部分。這一個部分大多仰賴於暗示的科學運用，引導客戶付諸行動，在意義上就等於扣下他意志的板機。所有的前置工作，都是為了達到這個目的。它的心理學很微妙。早晨醒來，在「決定要」下床好幾次之後卻沒有最後的行動，最後令你下床的原因是什麼？了解到這一點，就是了解購買者最終心理行動的過程，難道不值得學習嗎？

在接下來的章節裡，我們要探討「業務員之推銷過程」的幾個階段——接洽，實物示範和結案。在業務員的這幾個階段裡，我們會看到他對購買者的心理，依據購買心理學所採取的行動和反應。業務員和購買者在「推銷—購買」的心理上過招，結果是簽下訂單。推銷的心理學過程跟下西洋棋很像，沒有任何一方是偶然的結果——一切都是根據明確的原理，學習者也有既定的方法可以使用。

第六章 接洽

老業務員所秉持的看法是，在推銷心理學上，沒有比接洽更重要的階段了。皮爾斯說：「有經驗的業務員會告訴你，為了使買賣成交，跟客戶會面的前五分鐘比所有其餘的時間都更有價值。為什麼呢？因為那是客戶對你產生印象的時間。通常，為了節省時間去做重要的事情，他必須在短時間裡對會面的人打好分數。因此你的任務是，在能力範圍內把第一印象做到最好。而造成良好第一印象的最佳方法，就是保持自然，不造作。」但是我們千萬不要忘記，第一印象的目的只是為了讓你的推銷術找到一個好的切入點，之後你必須長驅直入到它必然的結果上——訂單。為了留下良好印象而做出一個良好印象，這是一種謬見。我想起一個業務員的老故事，他在信中說他不是在做推銷，而是要「留給客戶一個良好的印象」。公司回電報給他：「到外頭去留下更多的印象（印記）——在雪堆上。」在取得初步結果的同時，別忘了你的真正目的。

美國國家收銀機公司（National Cash Register Company）給予他們的業務員在

第一印象上的指示是：「記住，在前五分鐘裡和對方的談話，可能成就你，也可能毀了你。如果，不管怎樣，你就是使客戶產生敵意或惹惱他了，等於你從一開始就重創了自己的機會。如果你無法明顯地取悅他或吸引他，表示你做得不夠；做得不夠，表示未盡全力。你應該給對方一個討好的正面印象，但不要諂媚、裝出風趣或聰明的樣子。想贏得一個人的贊同，最正確的方式就是讓你自己配得上他給你的贊同。大部分的人往往不知道，是什麼樣的特色讓一個人受人喜歡或討厭；但是他們會覺得高興或不高興，被吸引或排斥，或者冷漠，而且這些感覺是既明確又明顯的，即使他們不明白是什麼造成了這些感覺。在鄉下的小村莊裡做著小本生意的店主，就跟任何大商人一樣能被取悅或惹火。永遠別忘了，不管一個人的職位是什麼，他無論何時都要保持尊嚴。」

當業務員和潛在客戶接洽時，他要怎麼說和他要怎麼做，是不太一樣的。他的禮貌比言辭更重要，而支持他的禮貌的，就是他的心理態度。我們在此不討論微妙的心理學理論，但是我們可以說，一個人會把他的心理狀態散發出來，他所接近的人都能感覺的到。不管是來自於態度的暗示，或是更微妙的什麼東西（在此無需討論理論，我們沒有時間），總之，它的作用就跟這些散發出來的東西一樣。我們都贊同，一個人在接洽中的心理態度必須是正確的。在前面幾章裡，我們已經告訴你關於創造心理態度的要素的許多事情。現在是展示你所學過的和練習的時候了——因為你要與客戶接洽。

記住我們告訴過你荷爾曼的問答方式，維持你的自我尊重，並且記住你是個人。對此，皮爾斯是這麼說的：「這件事情的理由之一是，自我尊重在你的工作上是不可或缺的。你若對自己的能力或對你的商品缺乏信心，你就無法保持自我尊重。假設你只有在採取這樣的立場的時候，才能很熱切的為你的商品背書，你一定要記住，在推銷商品時，你的重要性是和客戶不分軒輊的。所以你要和他平等的談話，不要像個服從主人的奴隸！也不要像員工對主管，或小蟲對高山那樣唯唯諾諾，雖然這是未經訓練的業務員常常有意或無意顯現出來的態度。他們膽小，他們覺得對方可能比他們更清楚自己的產品。也許，他們覺得潛在客戶比他們更了解他們的商品或他們競爭者的商品。在與潛在客戶接洽時，恐懼寫滿了他們的臉。其中有九成的恐懼，是由於對商品的無知，另外一成是由於缺乏經驗。

關於恐懼的問題我們會說，大部分生活忙碌又勞累、在各種情況下看過形形色色過客的人，他們的經驗就是造成害怕主要存在於想像中的人們和事情的原因。這比較是一種在預期上的恐懼，而不是對實際情況的恐懼。那就像接近牙醫診所時的恐懼——比真正坐在診療椅上的時候還糟糕。充滿擔心和害怕的期待，是人類弱點的兩大來源。經驗告訴我們，我們害怕的事情大部分都不會發生，而那些發生的，又從不比我們想像得更糟糕。經驗還告訴我們，當我們真正遭遇困難時，通常會產生面對和忍受（或克服）它的力量和勇氣——但是在面對期望中的恐懼時，這些有助益的因子都不明顯。在那個時刻心裡所充滿的是由此產生的惡魔——擊敗我們的並不是困難本身，而是我們把未來要擔心的負擔加諸於自己身上。規則是，當問題或阻礙發生的時候要去面對它，而且在實際處理之前，不要對問題感到恐懼。在你還沒上橋之前，你沒有辦法先過橋。等你真正需要面對你所害怕的東西時，它們大部分早已消散——它們在性質上有點像海市蜃樓。造成我們最大恐懼的，正是那些無法具體化的不存在的東西。當你要接洽客戶時，把恐懼的想法從你的心理態度裡趕出去。

不過，有句話我要提醒你，不要因為你覺得自己很可靠和無所畏懼，就變得無禮或放肆。在了解到你是個人的同時，別忘了客戶也是。無禮是軟弱、而不是力量的表現——強壯的人比這個虛有其表的東西更優越。要謙恭有禮，真正的紳士是既懂得自我尊重又有禮貌的。在說了這一切和做了這一切之後，其實，一個業務員所能做到最好的接洽，就是表現出紳士風範。這最終會讓人贏得勝利，而且在產生了這樣的舉止之後，意識會使業務員變得更強大，也會維持他的自我尊重。不要只記得展現出紳士的自我尊重——也要記得奉行一位紳士應有的謙恭和禮貌。這是一種高尚的義務。

如果你想將行動和態度發揮到極致，記得：「表現出紳士應有的舉止。」如果你想要找一個測試禮貌和行為的標準，試試這個：「這是一個紳士會有的行為嗎？」如果你遵循這項忠告，你所培養出來的禮貌——自然的禮貌，將遠比以矯揉造作的規定或原則為基礎的禮貌更優越，因為紳士的禮貌是一種真實的表達和純粹的謙恭，會受到所有人的尊重，無論他們自己有沒有這樣奉行。我們看過許多例子，在強烈的挑釁行為下仍保持真實的紳士精神，能夠完全消除粗野的傷害力，並且贏得對立者的友誼和尊重。

推銷的首要心理要素，是給購買者的第一印象，而第一印象必須是討喜的那種。必定不能有製造負面印象的事情發生，因為這在接洽中會使購買者的注意力從原本的目的偏移到激發他不悅印象的特殊事物上。獲得注意力的第一個關鍵，就是知道你要接洽的那個人的名字，而且若可能的話，還要知道他的辦公室在哪裡。對於業務員來說，沒有什麼比不知道你想會面的人的名字和身分，還要更令人洩氣和更可能崩解心理學對接洽的影響力。應該避免由認錯人所造成的接洽失敗，如果你不認識你要找的人，或者不知道他在哪間辦公室，可以問問在場的其他人，當然，要有禮貌的問，「某某先生」的辦公室在哪裡。如果你剛好問到「某某先生」本人，你還可以輕鬆地順勢切入話題。但是，假如把「張先生」當成「李先生」問候，這麼丟臉的錯誤可能使接洽變得軟弱且令人困惑，並且在面談中發生荒謬的情況，除非業務員能夠機伶的全身而退。如果可能的話，避免說要見「主管」，或者問一個人：「你是主管嗎？」如果你不知道主管的名字，就找人問問。

美國國家收銀機公司對他們的員工說：「描述一個明確的文字格式，並且要求業務員在接洽商人的第一次會面時的各種情況下使用，顯然是不妥的。在某種情況下適合對一個人說的話，也許並不適合在不同的情況下的另一個人，有許多地方必須靠業務員自己斟酌。同時，還要想一些重要的說明，以及根據經驗證明，能夠讓這些話題一路聊到已經規劃好的結案方法……介紹性的談話不見得要很長，簡短的談話往往更具說服力。我們並不建議業務員用遞名片的方式做自我介紹，而比較希望他們完全仰賴自己的口才來確保對方的傾聽。我們強烈反對含糊不清的介紹和所有的花招，並且相信，言之有物且不以自己工作為恥的人，能夠以大膽、直接的方式報告他的任務。業務員應該讓自己迎合他所要見的人，但同時他也應該打定主意，知道自己要說些什麼。他應該莊重、真誠……一旦你成功地見到主管，跟他說過『早安！您是張先生嗎？』後就開門見山地說：『我代表美國國家收銀機公司。』一開始就讓自己站穩立場。如果他對你的業務有任何負面意見，這會讓他立即展開炮火。但是如果他沒說什麼，就立刻切入正題，可是在任何情況下都不要說：『我是來賣收銀機的，』或者：『我想向您介紹我們的收銀機，』而要這麼說：『我們有個方法可以處理您的商店與顧客的買賣，您會感興趣的。』這兩種說法的差異在於，前者以你對業務的目的為開端——你感興趣的事情；後者以他的目的為開端——或許他會感興趣的事情。」

我們要學習者特別注意上面那段文字，短短幾句話就包含了接洽的介紹話術的整個原理。這是有巨額銷售量的各大公司中成千上萬名業務員的基本經驗和知識，它直接切入重點，更重要的是，它有著科學上的正確性，所依據的是真正的心理學原理。

做接洽的業務員不應該表現出急急忙忙的樣子，也不該顯得拖拖拉拉。他應該用講求實際和效率的態度，表現出他了解時間的寶貴，而且舉止要像他有足夠的時間處理這項業務，就像是購買者拜訪他而不是他拜訪購買者一樣。不要顯出威風凜凜或趾高氣昂的樣子，或表現得好像你才是主管一樣。要表現得像真正的商人，既自在又專注於工作。在與顧客接洽時不要企圖「催促」他——是你在拜訪他，在開啟對話時一定要用值得尊重和自我尊重的態度表現出順從他的樣子。你的態度愈沉著、鎮定，他就愈尊重你，無論他的外在表現如何。比起舉止像紳士的人，購買者更容易拒絕一個粗魯、笨拙的拜訪者。事實上，粗魯的拜訪者用自己的態度暗示對方的拒絕，而紳士則暗示他需要尊重的對待。最省力的暗示，就是最自然、讓人最容易順從的暗示。

有些業務員試圖在一開始就握到客戶的手。如果客戶天性開朗，是那種「嗨！兄弟，幸會」的類型就沒關係，但是如果他既含蓄又莊重，他可能就不喜歡你這樣對待他。你所要做的是讓他有握手的感覺——這是一個重點，如果有握到手的話會加分。大致上，你可以從他的態度和表達方式判斷要不要伸出你的手。在估量對方的時候，你必須信任自己的直覺。別人說過什麼關於那個購買者的心理，會對你有幫助，你所收集的資訊也會有用，可是到了最後，你仍然必須大量仰賴你自己的直覺。這種直覺機能的培養要靠經驗。有些業務員在自我介紹時，把自己的名片塞到潛在客戶手中。這在心理學上是很蹩腳的手法，因為名片會把客戶的注意力從業務員身上拉到名片上。用言詞介紹自己，簡潔清晰，然後直接切入正題。

如果你看到一個人正在忙著和別人交涉，或忙著什麼事情——等他就對了。不要打斷他的工作，直到他抬起頭來給你一個繼續進行的信號。千萬不要打斷另一個也許在跟客戶說話的業務員。這不只是公平競爭和禮貌的問題，也是一個非常好的商業策略。當你開始做介紹性的談話時，直接切到重點上，不要像許多人那樣拐彎抹角。直接談正事——跳過折磨人的賣關子——放膽去做。一定要記住，對於潛在客戶來說，你的小故事不見得像對你而言那麼老套、刻板——所以，投入真感情，把它講得像是第一次跟想聽的人說一樣。如果你想激起客戶的興趣，你要先讓你自己感興趣。

千萬不要犯下問客戶說：「您在忙嗎？」或是：「我打擾您辦公了嗎？」這樣的蠢事，這對客戶來說是一個非常糟糕的暗示，他很容易回答你：「是的！」你是在拿石頭給他砸你的腳。如果他真的太忙而沒注意到你，你可以告訴他，然後退出辦公室——但是如果你還想有進展的話，千萬不要做上述的暗示。那有點像是偶爾溜進辦公室賣小物件的孤苦小販在哀怨的說：「先生，您不想買點火柴嗎？」千萬不要讓客戶輕易地拒絕你——或趕你走。如果他想這麼做，就要讓他倍感困難。這看起來也許像不必要的建議，但這是許多年輕的業務員都會犯的錯誤。避免懷有歉意的態度——你無需為任何事情道歉。你只是在浪費你的時間和客戶的時間——做事情要適可而止。除了真正的錯誤之外，不要為任何事情道歉。你的拜訪不是一項錯誤——除非你認定它是。有些人會為活著而道歉，但是他們從來不能成為業務員。你要當心，藉由這種道歉和「解釋」的買賣態度，你也許把負面暗示塞到客戶心理了。這種愚蠢的舉動一點用處都沒有——它賣不掉任何商品，也絕不會。它只是軟弱和沒大腦的信號，最好別再做了。

這種又道歉又解釋的人，他們的問題在於他們並不十分相信自己商品的優點。如果他們真的相信——如果他們曾「向自己推銷過」——他們就會了解客戶需要他們的產品，以及，雖然也許他現在不知道，但是他造訪客戶其實是為對方做了一件好事。一個業務員並不需要向客戶道歉，除非他需要向他自己道歉——如果他在後者上的理由並不正確，他最好改變他的方針，去賣其他不讓他感到羞恥的東西，或是一了百了的離開這行。沒有人會對他完全相信和欣賞的東西感到羞恥。

以下的建議來自美國國家收銀機公司的人，就跟他們其他的建議一樣好：「不要試圖跟沒在聽的人講話，他也許正在寫信，或是當你講話時忙著其他事情。那是沒用的，而且你失去了自尊，也失去了他的尊重。如果他無法將注意力放在你身上，跟他說：『我知道你在忙，如果你能給我幾分鐘，我會很高興，但是我不想打斷你，如果你無法挪出時間，我下次再來。』試著徹底了解和感覺自信與放肆之間的差異，千萬不要對自己或你說話的對象顯得不尊重，不要裝熟，不要把你的手放到他的肩膀或手臂上，也不要抓著他的外套。這些舉動都有失紳士風範——而且你應該假設他是一位紳士。不要對客戶拍桌子或搖你的手指；不要對他吼叫，好像說話大聲才有道理似的。不要太靠近他然後講話興奮得口沫橫飛，他會嚇得退避三舍。我親眼看過一位業務員用這種方法把客戶嚇得倒退了半個房間的距離。不要用講話大聲或快速的方式勉強別人聽你講話；不要讓對方覺得他連說句話的機會都沒有，只能一直聽你講到你喘不過氣為止，這並非待『客』之道。要讓他相信你有重要的話要說，而且會盡量簡短。你從一開始就要這樣設身處地的為他著想，讓他覺得你不是硬要把東西塞給他，而是你想討論，你的商品能怎麼有利於他的業務。」

這家公司有史以來最好的業務員之一，把這個原則傳承給公司裡的後輩：「如果你在和客戶接洽時只做一件事，就是把『它能幫你省錢』這句話說七次，你的接洽會很成功。」我們也是這麼說。舉出事實，以精練的詞句陳述，這是開場白的基礎和接洽的靈魂。

到目前為止我們所說的都是關於第一印象的階段，在它之前的是因為你的出現而引起的不自覺注意的初步階段。良好第一印象的目的，是要讓之後真正的銷售過程進行得更順利。造成第一印象的原理，其基礎在於購買者的相關經驗和來自於暗示的影響。潛在客戶幾乎是不自覺的產生對業務員性格的倉促、籠統的想法或印象——我們叫做第一印象——而且大部分是由於聯想的暗示。也就是說，潛在客戶之前遇到的一些人展現出某種人格特徵，他會習慣性的把這些人輕率概化，即根據外表、態度等等的某些特性去將人做分類。這就是聯想心理學原理的運作，而且也許受到了聯想暗示的影響。以下出自《暗示與自動暗示》的引文，把這個原理解釋得更清楚：

「這種暗示的形式是最常見的其中之一，隨時隨地都看得到。聯想的心理法則讓我們很容易把某些事情跟其他事情聯想在一起，而且我們會發現，當這些事情被想起來時，它會帶著跟它有關的印象……我們容易把穿著得體、態度威風、以昂貴汽車代步的人和財富及影響力聯想在一起。同樣的道理，當一位闊氣的投資操盤者向我們迎面駛來，他穿著華麗的衣裳，擺出富豪的神態，開著價值一萬美元的汽車（租來的），我們就迫不及待的把錢和貴重物品交給他保管，然後還因為被賦予特權而感到榮幸。」

權威的暗示在第一印象和推銷的所有階段裡也有影響力。這種形式的暗示在剛剛提到的書裡有敘述到：「就讓有些人假裝是權威，或位居下令的地位，以智者的姿態肯定而沉著地發表謬論，不用任何『如果』或『但是』的字眼，反而使許多謹慎的人毫不懷疑地接受他的暗示；除非他們後來被迫以理性的觀點去分析他的話，否則他們會讓這顆暗示的種子在他們腦海中扎根，然後開花結果。在這類情況下，人們讓彬彬有禮的意圖止住他們具批判性的注意力，讓對方的想法未受質疑地進入他們心理的城堡，並且影響到未來的其他想法。那就像一個人擺出高高在上的姿態，昂首闊步地經過心理堡壘的大門警衛──一般造訪者會在那兒遭受質疑和嚴厲的檢視，檢查他的證件，在他身上蓋上許可的印記之後方得其門而入……接受這樣的暗示，就像一個人囫圇吞下少量的食物而未細細咀嚼。由於別人的話被蓋上了真實的或假裝的權威印記，我們常常囫圇吞下許多這種小量的心理食物。許多懂得這種暗示手法的人會利用它的優勢，並且『運用在他們的事業上』。自信的人以及狡猾的政客和使用燙金字名片的商人，會擺出一副權威的姿態，或是用所謂的『裝門面』來欺騙大眾。有些人只有『門面』，在權威的姿態之後什麼也沒有——但是權威的姿態會讓大眾以為他們很有內容。」

相關態度、外表和姿態——事實上，就是「門面」——的暗示，是討喜的第一印象的主要要素。這個均衡裡摻雜了圓滑、策略、常識和直覺。但是一定要記住：真實的「門面」才是一位紳士的最佳的「門面」——反映出真正心理態度和個性的門面。如果你缺乏這一項，你讓自己表現得愈接近真實，對你而言就愈好。沒有仿造品能跟真正的藝術品一樣好，真正的紳士是力量與禮貌的科學性結合——「柔中帶剛」的展現。第一印象就講到這裡。

購買者的好奇和聯想興趣的心理階段，在接洽中也會受到業務員的誘發。我們曾在「購買心理學」那一章探討過這兩個層面，在此應該重讀一遍這個重要的部分。不過，我們會再加上幾句話。

在好奇方面，如果你能想辦法在給客戶的開場白中「留點遐想的空間」，同時仍保持他的聯想興趣，我們會說你做得很好。好奇能促進一個人的興趣，就像醬汁能促進一個人的胃口。激發好奇的關鍵是「新東西」的出現：新的概念、新的模式和新的設計等等。一般人的心理都喜歡「新東西」，即使是老古板，在他偏好的舊款式中也會有喜歡的新東西——用新瓶裝他的舊酒。新穎和創新容易激起一個人的好奇心和想像力，如果你能使這些機能開始作用，你已經做得非常好，因為聯想興趣又向前跨進一步了。當你讓客戶進入了發問的階段，無論是說出來或在心裡，這一局，你已經有了好的開始。

千萬不要犯下這樣的錯誤，問他是否「想買什麼什麼」之類的。他在那個階段當然還不想買，尤其是如果你那樣問他的話，他太容易說不了！它所帶有的負面暗示，糟糕的就像這種畫面的呈現：「你根本就沒打算要買任何的什麼什麼，對不對，先生！」這使一般人已經準備好回答「不！」了。你也不要說：「張先生，我來今天拜訪，是想看看能不能把什麼什麼賣給你，」或者：「李先生，今天我能把什麼什麼賣給你嗎？」這種激發興趣的方式，所根據是錯誤的心理學原理。客戶在這個階段當然還不想買東西——售出是在最後的階段。這個計畫就像用斧頭的平頭端去砍木頭——你在買賣上用了錯誤的方法去結案。千萬不要用這種方式去激起客戶的好奇或聯想興趣。暫時忘掉「你買」和「我賣」這些字眼——事實上，你在任何階段愈少用到愈好，因為對客戶來說，那是要他們打開錢包的不開心暗示。有個很棒的方法可以取代這些字眼——暗示利益、好處、省錢等迎合購買者心理的詞彙，而不是讓他們想到花錢和「放棄」。試試看暗示購買者財源廣進——而非支出。如果你了解暗示和心理學定律的話，這個理由對你來說很明顯。

簡單的說，你在這個階段的訴求要全部放在客戶的自我利益、滿足和好奇上。試著讓他暖身，令他的想像力運作起來。如果你能做到這點，他會忘掉對其他事情的注意力，然後在他認為「想賣東西」給他的人面前，放下抵擋暗示的武器和直覺抗拒的盾牌，接著打開他的錢包。在這個階段你必須使用敏銳的心理策略，這裡是你需要使用斧頭鋒利面的地方——平頭端可以保留在做決定和結案的時候。

在這個階段，盡可能不要問客戶能回答「不！」的問題。把他跟這個字隔開，並且躲開每一個迎面而來的負面信號。但是，如果他真的說出一、兩次的「不！」——別聽進去。讓他的「不！」像鴨子背上的水一樣不著痕跡地滑落——在你的意識中拒絕承認它，在心裡否定它，拒絕你的耳朵所聽到的。現在沒有時間去理會那些「不！」往前走，忽略那些字。在好奇和聯想興趣的階段，繼續吸引他的興趣。你在此處的目的是讓客戶進入反覆考量的階段，這個階段到來的信號，是他提出問題，顯示出想知道你商品的特點。他從問題中也許只洩露出一絲興趣，但這表示又向前邁進一步了。這是客戶對你的開場白的回應，在心理學上這是很重要的一刻。下一步換你進攻！

下一步就是實物示範的階段——接洽的階段已經通過了。

＊＊＊

在開始探討實物示範的階段之前，我們想要你注意以下關於客戶斷然拒絕的建議，那是在接洽階段常常遇到的問題。文章出自於荷爾曼，曾刊登在《推銷術》雜誌上。荷爾曼說：「推銷達人會優雅、輕鬆地接受別人的拒絕，而且表現得好像對他沒什麼傷害一樣，就像一位專業棒球員能夠理解擊球者打到他身上的快速平飛球，然後繼續比賽，似乎什麼都沒發生過一樣。遇到同樣的狀況，外行的業務員會就此罷手，或者讓裁判注意到擊球者的惡意企圖。把人一拳擊倒在地上，不過就像是專業拳擊手有了展現他的敏捷和贏得喝采機會。當你向水裡的軟木投擲一塊厚木板時會濺起大量水花，但此時軟木只是默默地浮起來，好像什麼事也沒發生過，然後又靜靜地浮在平靜的水面。聰明的業務員也是如此，當一個壞脾氣的客戶對他猛烈抨擊時，他只是優雅地退到一旁，然後冷靜地繼續執行他的任務……自我控制能夠解除一切來自於不良天性的攻擊。」

第七章

實物示範

在上一章裡，我們的業務員待在接洽的階段，而客戶展現出十足的興趣提出問題，或是做出質疑的反駁。這在心理學上是一個重要的階段，在這裡，業務員要把接洽融合到實物示範上，而客戶從消極注意的階段進入積極的注意、討論和考慮。客戶不再是消極的傾聽者，並且從他展現出十足積極的興趣和提出問題或質疑的異議的那一刻起，就真正要賣東西了，實物示範就此展開。

這個推銷的階段很類似於下西洋棋。業務員的接洽和初步談話只是比賽的第一步，客戶的回答、問題或異議是第二步——然後才開啟真正的比賽或討論。現在由業務員決定如何走他的第三步，用來回應客戶上一步的移動，而這特殊的一步在推銷中至為重要。就像西洋棋裡的起步一樣，整個賽局的輸贏可能都取決於它，所以最好把這一步規劃成你初步學習的一部分。

關於客戶的第一句話，馬克本的話說的很真切：「顧客不會在第一句話就做出承諾，他往往可以靠著提出異議——直接表達出來或暗示——來為自己保留很大的空間。異議的形式很多，從一般的『忙碌』聲明或『對等一下要提出的事情沒興趣』到一些特定的聲明——甚至是激昂的——『沒時間和業務員或他的公司商談』。」

但這就跟下西洋棋一樣，每一個人的前幾步都是某種暗示性的「回應」，這些遊戲裡的參考書對所有的移動都有完整的說明和解釋，所以，在推銷術這個偌大的賽局裡，客戶的前幾個動作就是某種回應。大型銷售企業都有講師親自指導或通訊的推銷教育訓練，傳授業務員對客戶所提出的異議和問題的適當回答。我們發現，賽局裡的一般的客戶通常只有少數幾種但真實的動作——他們在相同的情況下都說相同的話，不過，我們總是有適當的答案。從和資深業務員的談話，或來自銷售經理或公司的指導，業務員會得到這些根據經驗的回答。每一種都有其異議題庫及回應題庫。

在異議方面有兩大回應的類別，幾乎可以應用在所有的問題上。第一種是，用你的心理西洋劍敏捷地擊中異議，讓它掠過的同時刺中你的對手。美國國家收銀機公司的總裁派特森（Patterson）在這方面的回應是以機伶出名的，據說他手下的業務員得到他的指導，小心翼翼地聽客戶提出的異議，然後再用這樣的原理四兩撥千斤地推還給他：「唔，那正是你應該要買的原因啊，」之類的。換句話說，客戶的異議應該被扭轉成對買賣有利的論點。在行家的手裡，這種形式的回應非常有效，而且往往因為它的大膽和出乎意料而帶來有利的結果。但是，並不是每一個人都具有善用其優點的技巧。

第二種回應根據的是所謂的間接抗拒，這種方法往往是最厲害的抗拒形式，能夠避免直接抗拒所導致的對立和敵意，同時達成它的預期效果。有些作者把這種方式叫做「無抗拒」，顯然是一種誤稱，因為雖然經過巧妙的掩飾，但它仍然是一種抗拒的形式。我們可以將它比喻成在暴風的襲捲下，為了避免折斷而彎曲的樹；有韌性的鋼在壓力下彎曲，而不像鐵一樣被折斷；但是樹和鋼都會很快地恢復原狀。

在小事情上直接反駁客戶是很笨的策略——一直讓你追隨的目標才是重點。而重點就是客戶的訂單——其餘的都沒關係，也不重要。我們現在來比較一下直接抗拒和間接抗拒，看看這兩者的差異。

在直接抗拒上，客戶的小異議直接得到答案：「你錯了，張先生，」或者「你完全錯了，」或是「你的觀點不對，」我們也聽過這樣的說法：「你的反對太荒謬了。」直接抗拒在有些情況下或少數的時機中是必需的，但是要謹慎小心地使用，它可說是重症時才能下的猛藥。間接抗拒的表達方式有：「那在有些情況下可能是對的，但是……」或者「你所說的大部分都正確，李先生，只不過……」或者「在一般的問題上那或許是對的，可是……」或者「我很同意你的論點，陳先生，但是對於這個特殊的狀況，我認為應該有個例外，」等等。這種間接抗拒的價值在於，你可以不用付出任何代價地讓客戶保留他的想法，抱著他的偏見，只要那些想法和偏見不妨礙到你論點的邏輯，也不影響到你的重點——訂單。

你不是傳教士或小學老師，你只是一個業務員，而你的任務就是拿下訂單。只要你能引導客戶簽下訂單，就讓那種老傢伙保留他愚昧的想法和狹隘的偏見吧。間接抗拒的積極原理是，用最簡便和最快的方式擺脫對方的異議，也就是讓他保留他的看法，然後把你和他的注意力和興趣集中在你們要討論的重點上——你這個案子的正面和實質重點。避免為了一般的、可有可無的、無關緊要的細節做爭論。你不是在爭取辯論比賽的第一名——你要爭取的是訂單。記住法律的三項原則「切題、相關和實際」，拋開「不切題、不相關、不實際」的枝微末節，即使你必須以間接抗拒的方式默認它們。簡單的說，就是：拋開和避開非必要的細節。

現在業務員已經到達了客戶在考慮的心理階段——客戶願意「研究」這件事，甚或買賣的主題或目標的階段。這個階段一定不能與「反覆考量」的階段弄混淆了，在反覆考量的階段裡，客戶所權衡的是要不要買的利弊，這兩個階段是截然不同的。目前的階段——考慮——只是檢查、研究或提出問題，看看商品是不是真的對他有切合實際的利益。這不只是聯想興趣，因為這個階段已經呈現出感興趣的研究調查了。許多案例的進度從未跨過這個階段，尤其是業務員不懂過程心理學的話。許多業務員會在這個時間點嘗試做結案——但這是個錯誤。在客戶運用他的想像或感覺去擁有這個產品之前，他一定想了解細節或商品的品質和特色。所以，這就是要做說明的時候。

「實物示範」有兩個層面的意義，業務員在實物示範的階段會用兩個階段來舉例示範。第一層的意義和階段是：「呈現或指出；表示，展現或展示」。第二層的意義和階段是：「以無可爭辯和不容置疑的證據，排除任何可能的懷疑或矛盾，做出明確的證明。」第一個是「呈現和指出」的階段，第二個是「證明」的階段。在第一個階段裡要呈現和指出一個東西的特色，在第二個階段要提出合乎邏輯的論據和證明。所以，要記住，你現在是在「呈現和指出」的階段，而不是「主張和證明」。

在「呈現和指出」你商品的特色和特點這件事上面，你要記住，客戶並不像你一樣清楚你的主張或要推銷的產品的細節，他也不像你一樣可能對商品已經失去「新鮮感」——如果你沒有保持你的熱忱的話。因此，在避免不必要浪費時間的同時，也不要急著完成實物示範而忽略了重要的商品特色。詳細說明和強調每個特色，一定好過以馬虎的態度匆匆帶過。最好集中在幾個主要和明顯的示範重點和客戶的實質利益上，而且要假設客戶並不清楚商品的任何方面——除了他們從問題或異議中透露出來的了解程度。當然，過程中要一直顯得彬彬有禮，不要擺出一副「我都知道」的姿態。一定要讓客戶有時間吸收你所說明的重點——有些人在這方面的反應比別人慢。觀察客戶的表情，看他是否真的明白你所說的。最好能用十幾種方法來呈現一個重點，以確定對方能夠理解，好過以一種方法去呈現十幾個重點，但無法讓對方明白。

為了在這個階段示範你的商品，你必須十分熟悉它們，而且要依自然、合理的順序將說明重點整理起來，向客戶由簡而繁的報告。但要當心，不要在這時候暗示購買，以免客戶受到驚嚇而失去了興趣。客戶自然會有防衛心理，因為他察覺自己的錢包蠢蠢欲動——在這個時候你必須讓他把注意力放在你商品的細節上，鬆懈他的防衛心理。向客戶鉅細靡遺地說明細節，就像是他為了研究商品而主動邀請你這麼做似的。事實上，如果你可以建立起一個適當的心理態度，你也許可以造成易位而處的心理變化，讓整件事看起來很自然的像是他主動拜訪你，而不是你拜訪他。還有一個心理學上的重點，你最好要記住。拜訪者通常對受訪者主動「出擊」，如果你能夠反轉這種心理局勢，你就取得了一大優勢。比較容易反轉局勢的方法是，激起客戶對商品細節的興趣。

如果你聽過美國國家收銀機公司訓練有術的業務員所做的示範，你會了解為商品做科學性的示範是什麼樣的情況。這家公司在這一部分的工作上很徹底的訓練他們的業務員，直到他們在腦海中依照邏輯順序記牢每一個細節。這家公司的資深業務員應該要有本事將這套公式倒背如流——從中間開始，然後隨心所欲的往前或往後背誦。他了解自己商品和這宗生意上的每一個細節的「為什麼」和「做什麼」，並且被教導要依照它們的邏輯順序去呈現出來。聽他們最好的業務員之一的講授，是實物示範上的一門通識教育。

這個實物示範階段的重點在於，應該把條列敘述變成一則有趣的故事，或是一個寫實的事件。用中立的態度講述，避免讓客戶覺得你在暗示要賣東西給他。你要在腦海中受到商品優點的鼓舞，讓這一部分的談話完全出自於你由衷的熱忱。讓示範結果成為一個愛的結晶——忘掉所有關於銷售或利益的期望。在那一刻，你的人生目的和目標應該是，用你商品的奇妙優點來激勵你的客戶，而你也為此感到高興。你的目標是擁有尋求改變信念的宣傳者的精神——為了別人好而傳達資訊，而且「這也是正常的」。在你認真講授的時候，暫時忘掉即將到手的訂單。

以下是美國國家收銀機公司給業務員在實物示範階段的指示：「當你讓客戶進

入實物示範的階段，你就完成了最重要的一步。你可以理所當然的認為，他對商品多少有點興趣。現在，要盡一切所能把這個機會做最好的利用。認真、仔細地說你該說的話，做示範時不要急急忙忙的，好像你的發條上得太緊，不得不一口氣把台詞說完似的。給客戶發言、問問題或提出異議的機會。或許他腦子裡有某些想法，對你的論點可能有顯然的幫助或妨礙，你應該要知道他在想什麼。別因為他靜靜地聽，你就自行想像他同意你的說法，或者完全聽懂你在說什麼。說話時要從容不迫。如果你從他的臉上看到困惑或疑惑的表情，好像有什麼地方不了解，就停下來讓他弄清楚。慢慢地對每一點做徹底的說明，每當你的敘述可以讓對方提問時，在進到下一步之前，要確定獲得對方的贊同。假如他不太贊同你所說的，就修正到他同意為止。想辦法盡量讓他贊同你所提的每一個論點，這樣在你做總結的時候，他才無法回頭反駁你。不過，不要做得好像你要把他逼入絕境似的，只要簡單的讓論點有個合理的依據就行。千萬不要表現得像個伶牙俐齒的人，要拋卻所有玩弄文字遊戲的想法或態度、任何銷售收銀機的秘訣，只要用平易近人、不裝腔作勢的你去講述一個事實，並且決心用最平實、最家常的方式去說。一定要避免的致命錯誤是，在客戶面前顯出恐懼、慌張和不確定的樣子。要充分了解在背後支持你的那些力量，對於你的信念要有十足的信心，冷靜且從容地把每個重點講得清楚、確實，用簡單的幾個步驟引導客戶產生絕對的信念。」

如果你在這個實物示範的階段裡已經抓住客戶感興趣的注意力，你會發現，他的想像力正要開始發揮作用，描繪出這個商品能怎麼幫助他的心靈憧憬——假使他擁有這個商品的話會怎麼樣。這是一項心理學上的法則，如果研究的目標與一個人想法和感覺上的整體趨勢揉合在一起的話，感興趣的研究或考慮，容易激發感興趣的想像和欲望。在想像的過程中，必定會產生一些基於興趣的新觀點。然後，研究和發現的動作，自然地創造出一種擁有那個東西的感覺。這在商品和它的研究者之間，建立起一種聯繫。

海列克說：「……我們一定要記住，任何不淺薄也非陰晴不定的人，能夠很快地在大部分的事物上發現有趣的事……他們付出注意力的收獲，最後通常是在最不起眼的牡蠣中發現珍珠……天才的本質就是以新方法呈現舊事物。」還有，「當我們在想一件事情，或是大腦被某個主題佔據時，某些大腦區域裡的活動也許大幅提升了。這種不自覺的準備工作的結果，也許突然間在意識裡激發出一個完全成熟的想像。」霍夫汀（Hoffding）說：「各種元素相互交織的想像畫面，大多發生於意識閾之下，因此影像才會完全以其大致的輪廓突然浮現於意識當中，此乃無意識過程造成的有意識結果。」海列克也說：「一個人想要的東西的代表性圖象，就是欲望的必需前件。直到腦子裡有了代表物的概念之後，才會產生欲望。有句話是這麼說的：沒有認知便可以沒有欲望。一個小孩看到一件新玩具就會想要；一個男子注意到鄰居的房子翻新了，他也想要；一個國家發現另一個國家擁有最新型的戰艦，馬上也想要一樣的甚至更好的戰艦；一位學者看到一套新百科全書或參考書，就興起了想要的欲望；一個人回國後告訴朋友，到國外旅遊有多好玩，朋友想旅遊的欲望便提高了。認知產生欲望，而欲望告訴意志它想要的。」我們在此引用了幾個著名權威人士的話，指出從感興趣的研究到想像，再到意志這樣一直線的心理歷程。一個人研究一個東西並且獲得受自己贊同的認知，然後他的想像力開始運作，讓他看到他成功運用這個東西的可能性，便激起了他想要這個東西的欲望。

當客戶開始想到這個商品和自己扯上關係之後，就達到了想像的階段。然後他開始在腦海中勾勒出他因需要或必要而運用這個商品的樣子，或依自己的渴望、品味和感覺來描繪這個商品。為了激起客戶的想像力，業務員應該想盡辦法去「以文字描繪」出商品的功能、作用、價值和實用性。他要讓客戶在腦海裡看見這件商品值得任何人嚮往的條件——它會怎麼一直運作下去，它會怎麼帶來好處，它會怎麼帶來極大的優勢，它的每一方面能為持有者帶來多大的利益。即使已到達了這個階段，也要避免提到個人用途——讓用途看起來廣泛些，這樣也不會嚇跑客人的錢包。在銷售過程中的這個階段的整個概念和目標，是要激起客戶的傾向——讓他對著商品流口水——讓他開始覺得自己也想擁有一個。他的心理情況必須像渴望地盯著商店櫥窗裡的帽子的女人，或是從棒球場圍欄上的節孔窺視的小男孩。業務員必須將他的感覺引導成好像他在圍欄外或櫥窗外似的——而好東西在裡頭，然後他會開始覺得想或渴望「進到裡頭」。

我們曾經聽過關於兩個南方黑人的故事，正好可以闡明這點。兩個黑人在下班回家的途中共同騎著一匹驢子，坐在前面的黑人開始說起他前晚吃烤負鼠大餐的故事。他形容那隻負鼠又肥又嫩，他們如何剝下它的皮，然後把它放進烤爐裡；它看起來多麼多汁又金黃，聞起來多香，「淋上滿滿的醬汁」端上桌，在一口咬下去的時候又是多麼的美味。隨著故事的進展，坐在後面的黑人表現出愈來愈不安的樣子，他先想像到畫面，然後是香味，再來是負鼠在嘴裡的美味。最後他發出痛苦的呻吟，然後吼道：「閉嘴，你這個笨黑人！你想害我從驢子上滾下去嗎！」這就是重點——你必須讓你的客戶看到、聞到和嚐到那隻負鼠，直到他快要「從驢子上滾下來」。

描述動作、滋味、感覺或與任何感官知覺有關的文字，很容易激發想像力。如果業務員能夠培養出在講話的時候，同時在自己的想像中真正看到、嚐到或感覺到東西的技巧，那麼他就很容易在客戶的腦海裡複製同樣的心理憧憬。想像是會傳染的——沿著暗示的引線。在感官知覺或感覺上的描述，沿著暗示的引線，很容易激起他人心理共鳴的反應和表現。你曾經被一段敘述燃起你的想像和欲望嗎？難道你不想親自去看、去感覺或去品嚐嗎！難道你從來沒有從廣告中感覺過文字的效果，像是：「美味、芳香、甘醇多汁、甜、溫和、痛快、振奮」等等？有多少年輕人因為文字敘述所揭示的「幸福家庭」畫面，而急著走入婚姻生活——嬌妻在門口迎接你，小孩成群地圍著你，以及其他的一切？一位著名的芝加哥分期付款家具商人，據說透過心理方法促成好幾千樁姻緣，靠的是「幸福家庭」的暗示性圖片和「我們會裝飾你的家」以及「你找個伴，其他的交給我們」的窩心聲明。能夠為商品「描繪出生動的心理畫面」的業務員，就能順利地激發傾向和欲望。紐曼說得好：「推論不具任何說服力，我們往往透過想像，而非理性，去觸及一個人的心……人們影響我們，聲音融化我們，外表征服我們，行為激勵我們。」

就這樣，我們經由想像的道路，進入了傾向或欲望的階段。

從考慮的階段激發出想像，再透過想像的適當機能激發出來的傾向或欲望的心理狀態，也許可以簡短的描述成這樣的感覺：「這看起來是個好東西——我想要一個。」這種傾向被實物示範和暗示激發出來，然後客戶開始體驗擁有這個商品為他帶來愉快、舒適、健康、滿足或利益的感覺。你會想起在前面一章裡關於欲望的說明：「欲望的目的是，為自己或自己所關心的人帶來快樂或擺脫痛苦，無論是當下或以後的。厭惡或竭力擺脫某事或某物，只是欲望的負面面向。」這就是你在客戶腦海中多多少少激發出來的感覺，你把他帶到傾向的前幾個階段，他自然開始認真思考是否有購買的正當理由，然後再前進到開始衡量購買的利弊得失——他是否願意「付錢」買商品的問題，而這也就是緊接在傾向和欲望之後而來的幾乎所有形式的反覆考量中的關鍵問題。但是，當客戶的心理進入反覆考量的階段的時候，你也不能忽略欲望的問題，因為當客戶在盤算著「買或不買」時，你也許需要再度燃起他的欲望，或是吹旺欲望的火花。反覆考量大多屬於動機衝突的問題，而欲望是力量強大的動機——所以你必須準備好激發客戶產生新的「想要」的念頭，來抵消可能使天秤往另一頭傾斜的動機。

在進入到反覆考量或論證的階段時，討論也從客觀的角度轉為切身相關。問題不再是：「這會是個好東西嗎？」而是：「你難道不該擁有它嗎？」這是一個根本上的重大改變，而且現在業務員要運用的是另一套不同的機能。他離開了描述性的階段，進入論證階段。他來到實物示範的第二種意義或層面上，也就是：「明確地證明。」而證明和論證的問題是，客戶有沒有購買該商品的正當理由。客戶的心埋已經在思考這個問題的兩面，他的謹慎和他的傾向在激戰。他就像我們之前告訴過你的「傑普」，所以現在的問題是，他要在「我的背或我的胃」之間做抉擇。現在，業務員的任務是要向他證明，他可以也應該擁有這個東西。在這個過程中，業務員會需要他的圓滑、機智、對人類天性的知識、說服力和邏輯。

業務員擁有一種往往連他自己都忽略掉的優勢。我們指的正是客戶的異議，他提出問題，就等於提供了開啟他心理運作的鑰匙，業務員可以趁此採取進一步行動。現在他知道客戶在想什麼，知道他在這件事情上大致的感覺、觀點和傾向。當他開始說話的時候，也就透露出關於動機、偏見、期望和恐懼的一絲線索。引導客戶去提出問題或異議，以便你能給予論據堅強的答覆，這是一門高深的技巧；然後你就能夠回到他自己的論點上。這是一種心理學論點：針對一項質疑的異議而在答覆中做的主張，其威力會比未經質疑或異議而做的相同主張強大的多。

馬克本說：「據說林肯在剛開始學法律的時候，他並不懂要怎麼去證明一件事情。在謹慎及刻苦學習的過程中，他拿起歐幾里德的問題來做，一個接著一個，最後完全明白要怎麼證明一項主張。愛荷華州最著名的法官之一，把每一個法律問題都視為需以一連串的理性來證明的主張。能夠做出完全準確的決定的業務員，首先要證明他的論點，接著把一般的示範原理運用到當下的問題上，知道要把示範做到什麼樣的程度，以及要包含什麼和排除什麼。他可以用心靈之眼看到他所塑造的一連串證據，而且會使他的心理結構準確、合邏輯和具信服力。」

（備註：為了訓練學習者邏輯性的思考能力、發展邏輯機能，以及用合乎邏輯和有效的方式表達想法的技巧，我們建議學習者參考《The Art of Logical Thinking, or The Laws of Reasoning》、《Thought-Culture, or Practical Mental Training》和《The Art of Expression》。）

在反覆考量階段裡的討論範圍，所涵蓋的看來不只是商品的價值和實用性，也包括了價格的問題，此時是否適合購買，有哪些特殊優點，是否弊大於利，以及在購買上從頭到尾的整個問題。然而，業務員心裡所要秉持的想法是：「這對你有益，這對你有益，這對你有益！」在任何方面上堅持這一點——秉持這個想法去審視所有的觀點和角度，它是整件事情的一貫宗旨。別讓你自己偏離了這個基本主張，即使你的論述範圍很廣泛。重點是一、產品很優質；二、客戶需要它；三、你讓他知道他需要它，就是為他做了一件好事。我們知道有位非常成功的人壽保險業務員，他的銷售演說只有兩個重點：「人壽保險是一項必需品」和「我的公司很健全」。其他的對他來說都無關緊要，而且他全心全意地堅持這兩點。他的教育程度不高，他也不精通人壽保險的專門術語，但是他徹徹底底的了解自己的兩大堅持，他的業績比許多頭腦精明和博學多聞的人好。他奉行「瞄準」策略，捨棄「亂槍打鳥」的計畫。當他向目標發動攻勢時，一擊中的！

在這個業務員背後支持他準確射擊的力量，正是心理態度；帶動客戶想像力和欲望的，正是他的熱忱。除了這幾點的支持之外，他必定對自己的主張深信不疑。

業務員必須如荷爾曼所建議，一遍又一遍的「向自己推銷」，他必須針對自己所想到的和工作上不得不接受的每一項異議去回應。假如商品沒問題，那麼每一個異議都必定能得到答案，就像下西洋棋時，棋子的每一步移動都有相應的返回移動——就跟每一樣東西都有「另一面」一樣。他必須找出對於商品每一項異議的這一步和「另一面」。而且如同我們說過的，他必須一遍又一遍的「向自己推銷」。美國國家收銀機公司對他們的業務員說：「推銷收銀機是一項相當嚴肅的工作，你必須簡單清楚地將你自己確信的事實陳述出來，而且你也肯定若客戶知道的話是對他有利的。你必須像傳布福音的教士那般誠懇，如果你表現出這麼誠懇的態度，客戶會覺得你的話有重要性，你的話便在他心中佔有份量。你必須完全相信一件事，那就是，收銀機對於任何買了它的人來說都是一大利益，它會為任何商人省下好幾倍他買它所花的錢。」

皮爾斯說：「所以在推銷的時候——表現真誠是絕對必要的，從開始到最後，一直都是最重要的——要顯得真誠。把你要在客戶面前講的話一五一十的演練出來，要誠實，千萬不要推薦你無法真心背書的產品，否則你無法『向你自己推銷』。」向自己推銷是絕對必要的，有學生問我：「如果客戶問你一個問題，你心裡明明有答案，卻不能坦白回答，這要怎麼做到誠實？」答案是：「就此罷手，愈快愈好。」

確實有「打扮得像天使，服侍的卻是魔鬼」的人，他們對自己做自我催眠，直到他們真的相信自己在倡議一項原本只是「假裝誠實」的誠實主張。許多這些「自信」和「做假」的人，很誠摯地投入在他們的行為當中，所以才能以他們的誠摯說服那些受害者。我們想到鮑沃爾（**Bulwer**）所說的法國乞丐的故事，那個乞丐能夠在他的「獵物」面前哭得令人同情。人家問他「你怎麼有辦法想哭就哭？」他回答：「我想著我已過世的可憐老父親。」鮑沃爾說：「感情與詐騙的能力結合起來，使那個法國人成為一個最有吸引力的傢伙！」但是，每一個真正的東西都有仿冒品——後者的存在只是證明了前者的真實。現實生活版本的「歷險者魯夫」（J. Rufus Wallingford's）的成功，也抵銷不了他們最後的失敗。沒有人能夠一直濫用他的天賦而且還過得很快樂，甚或達到最後的成功，補償的定律是全面運作的。不，我們不是在說教——只是稍微享受一下哲學，就這樣！

現在讓我們進行到下一個階段——業務員結案，以及客戶的決定和行動。

第八章

結案

「結案」是推銷過程中的一個階段，也是令大部分業務員聞之色變的東西。事實上，有些業務員對自己能夠將客戶引導至接近決定和行動的邊緣感到自滿，但是突然間失去信心，丟下客戶，還讓客戶自己說服銷售部經理或特別的「結案者」來關切。他們可以把馬拉到水槽旁，但無法強迫牠喝水。雖然結案是個需要小心處理的階段，而且牽涉到某種切合實際的心理學策略，但我們的看法是，許多業務員在這件事情上都是他們自己的負面自動暗示的受害者——他們用來做橋樑的東西往往是木板和塑膠，而不是堅硬的鐵和花崗岩。許多業務員在結案的時候被自己的恐懼擊垮，而不是被客戶擊垮。這個銷售階段是業務員應該利用他所儲備的熱忱和能量的時候——他需要用來撐過這一天。荷爾曼曾經寫道：「格蘭特將軍說過，幾乎每一場戰役經過數小時的奮戰後都到達了雙方皆精疲力竭的關鍵時刻，能夠在此時振作起來並奮力猛擊的那一方就是贏家。在推銷上或許也是如此，一個優秀的業務員知道該奮力猛擊的關鍵時刻。」

沒能將客戶帶到有利的決定的主因——結案的最後兩階段中的第一個——是業務員在實物示範的初步階段未盡全力。他沒有做出適當的實物示範，或沒有充分激發客戶的想像和傾向。許多業務員因為急著進入結案的階段而輕忽了實物示範這個基本過程——這是一項重大錯誤，因為基礎都沒打好，架構怎麼可能穩固。結案應該是前面階段的一個合理、正當的結論，它應該像一個數學問題的結果，是經過仔細計算而來的。當然，不可能有任何一位業務員把商品全數賣光——但是一般人只要在導向結案的初步階段裡強化自我，並且一路堅持到最後的結案階段，他就可能向客戶賣出一大部分的產品。

未能使客戶做出有利決定這整件事的癥結是：他沒有被說服！為什麼呢？如果你能夠回答這個問題，等於你就有了解決問題的方法。答案是你沒觸及那個人的欲望。為什麼？如果你能讓他「想要」那個東西，做決定就只是最後完成選擇的問題。你也許一遍又一遍地對他說過：「這是個好東西，值得你擁有」——但是，你真的有讓他了解到那個東西的好和他應該擁有的理由嗎?告訴對方是一回事，在他心裡複製你的信念又是另一回事。

從影響客戶的反覆考量轉變到影響他的決定的說話術，是一項微妙的技巧。在這樣的轉變中有一種「心理最佳時機」，有些人能夠直覺地意識到，而有些人需要從困難的經驗中學習到。那個時機就是我在講的「足夠」和「太多」之間的關鍵平衡點。

業務員必須一方面當心過早的結案，另一方面要避免在做過心理推銷後反而讓他打消了購買的念頭。許多人都容易犯下其中一種錯誤，但理想的業務員知道這兩者之間的平衡點在哪裡。

假如業務員試圖早點結案，他或許無法引起客戶完全的欲望和仔細的反覆考量。在這個主題上的一位實踐作家曾經指出，這種錯誤就像律師在提出證據之前就急著向陪審團做結案陳述一樣。訓練有素的人應該察覺得到客戶「興趣高漲」的衝動，並且在此時結束示範，迅速確實地進入結案的階段。

另一方面，假如業務員在提到特定的重點或所有的重點之後還繼續閒聊瞎扯的講下去，這會是一項風險，因為他有可能失去客戶的注意力和興趣以及隨之激起的傾向和欲望。詹姆士·柯林斯（James H. Collins）在《星期六晚郵報》最近的文章中提到一則足以闡明業務員這種傾向的趣聞：

「一位透過業務員將紐約房地產賣給其他城市投資者的不動產推銷商，他的親身經歷說明了，一位客戶可以多麼容易的被講到失去買東西的興緻。他的其中一名員工報告說，他無法為一名在匹茲堡的德國老人做結案。那名業務員說：『我已經解釋過整個房地產的事情，他了解可能性，但還不肯投資。』後來推銷商在業務員的陪同下，親自到匹茲堡拜訪這位投資人。業務員用盡全力再次向老人解釋，並且用盡一切所能地講的明白、肯定……投資人不時想打斷他，但是業務員滔滔不絕地繼續，只說：『等一下我再回頭跟你講這個。』事情講完後他還將重點重述一遍。等到都結束後，他又開始重述要點，試圖催促老人。在這個時候，老闆覺得投資人真的想有人聽他說話，所以他打斷業務員：『查理，依我看，在你說明一切之後，如果孔拉德先生仍然不懂紐約不動產的大好機會，就沒有必要再說下去了。』『我的老天爺！』孔拉德抗議道：『我確實懂。我所要說的是我會買下來。』」

許多優秀的業務員能培養出第六感或直覺機能，當他們把某個特定的環節或整件事情說得夠多的時候，他們能藉此得到一些資訊。在一個句子之中或一條說明的結束之後，一個人會注意到客戶從態度或表情透露出微妙、隱約的變化，告訴他該停止了，趕快做總結或簡短地重述重點。然後這個「總結」必須要簡短，直接帶到重點，而且態度要真誠。「總結」要做得合乎邏輯順序，每一點都要像被確信的大錘釘住的一樣穩固可靠。另外，也要特別強調做實物示範時客戶看來感興趣的地方。簡言之，在結案的陳述中業務員要有律師的精神，除了以強而有力的重點做總結之外，眼睛一定要看著陪審團，仔細地觀察在審判過程中是否有任何感興趣的跡象。客戶心理的各種機能，代表了每一個陪審團團員的個性——每一個都應依其特性而吸引之。

認知到推銷演說中結案階段的「心理最佳時機」，就類似律師把陪審團引導到一個戲劇性但合理的高潮，然後突然間停止的情況一樣，要避免創造反高潮效果。柯林斯在我們剛剛提到的雜誌文章中說：「在結案方面有困難的業務員，其主要缺點通常在於他不知道什麼是候是推客戶一把的心理最佳時機。在每一個買賣中，這都是一個非常明確的時刻，經驗老到的業務員會用各種方法去判斷，有些人是透過論點受到注意而得知，有些人是透過客戶的眼神，還有些人是靠著鮮少出錯的第六感……如果有任何銷售代表的這種機制可以被公開研究，我們或許可以把結果拿來模擬宇宙的機制，因為哲學家用來解釋整件事情的物質理論，只差輕輕一推就能使它行之恆久。無法做結案的那個業務員，從技術上來說已經完成了整個過程，就只差使客戶下訂單的輕輕一推。銷售可以藉著耐心地說明事實、把案子吹捧得大一點來達成。但是要結案，往往就差臨門一腳。當客戶真的需要有人推一把的時候，邏輯就派上用場了。」

有些客戶的問題在於，他們實際上已經做好了決定——但是他們自己不知道。也就是說，他們已經接受了業務員所主張的前提，承認後續的主張和論證的邏輯，能夠看到必然的結果——但是他們還沒有把已經做好的決定在心裡「卡嗒」的鬆開彈簧，所以業務員的任務就是要製造這個心裡的「卡嗒」。這個過程比較不像推銷術，反倒很類似在某種遊戲中猜對方「手中的牌」。在這個階段裡，要把問題光明正大地「攤開」在客戶面前。遇到這種狀況的業務員很需要膽量——很大的膽量，因為這畢竟是有點在唬弄人的事情，儘管如果客戶說「是」的話他就贏了，但若答案是「不！」的話他也不見得會輸，因為那就像戀愛一樣，絕不會因為一次的否定而心灰意冷。有一首老歌說「千萬不要把『不』當成答案」——業務員最好要記住這點。

做決定的「卡嗒」聲，往往由業務員靠著把強烈的問題或主張「攤開」在客戶面前來製造，用另一種方式來說，就是「想辦法讓他振作起來」。以美國國家收銀機一位業務員的結案說明為例，他在向客戶示範收銀機的優點時，在機器裡放入真正的七點一六美元，分別是兩元紙鈔，一元紙鈔，幾枚銀幣，幾枚硬幣：五十分、二十五分、一角、鎳幣和一分。在經過實物示範的各種說明後，他突然轉過頭去問客戶說：「布蘭克先生，你看到我放到收銀機抽屜裡的每一枚硬幣和每一張鈔票。現在你能告訴我這個抽屜裡有多少錢嗎？」布蘭克先生自然不知道。然後業務員繼續：「在看著我把每一分錢放進去之後，如果你不曉得這個抽屜裡有多少錢，想必你更不可能知道自己店裡的抽屜收了多少錢。你必須承認，你每個晚上都在猜想店裡的抽屜裡應該有多少錢。」業務員停頓了一下，讓客戶好好吸收這個堅強的論點，然後真誠而且帶著感情地接著說：「布蘭克先生，你不認為自己應該擁有一台像這樣的收銀機嗎？」每一個含有類似上述特色的主張，都能用來有效地引發做決定的「卡嗒」聲。

在有些情況下，可以在這個階段運用模仿的暗示，就是出示別人所下的重要訂單。有些人並不喜歡這樣，但是大部分的人都會受到其他範例的影響，然後模仿的暗示就會充斥在他們心裡，讓決定的天秤傾斜。在有些其他的狀況下，業務員發現這樣做是有幫助的：語氣突然轉為嚴肅、認真，把一隻手放在客戶的手臂上，讓他感覺迫切需要為了自己的利益而做這件事。業務員所呈現出來的精神，就類似於在復興佈道會裡誠摯的工作人員。對於有些客戶來說，把手放到他身上代表了一種兄弟的精神，而且認真的看著他的眼睛，會促使他在確信和決定上做最後的暖身——也許是從之前鄭重告誡和友善建議的聯想暗示而來，但是有些人對於這樣的親暱舉動很反感——一個人必須要清楚他所利用的人性是什麼樣子的。

千萬不要試圖在局外人面前了結你的案子，一定要拖延到只剩下客戶一個人的時候，他才能心無旁騖的聽你說。有其他人在場的時候，不可能進入「交心」的關係。

有時候你也許可以利用提出重要和適當的問題來促使客戶做決定，答案當然必須要能搞定當下的情況。但是在問這些問題時一定要小心，不要問對方可能輕易回答「不」的問題。千萬不要說：「你買不買？」或是：「我能賣給你嗎？」諸如此類的問題所給予的是負面答案的暗示——它們太容易讓客戶說「不」。還記得我們之前提到關於問題的暗示；那個「你今天根本就沒打算要買任何東西，對吧？」糟透的範例；以及在問題之前放個肯定的主張，容易引起肯定的答案嗎？舉例來說：「那是美好的一天，不是嗎？」或者：「這種粉紅色很漂亮，不是嗎？」或者：「這是一個相當大的進步，不是嗎？」在問重要的問題時，語氣、態度或表達的方式中，都不要透露出任何的懷疑。時時警覺，不要製造負面的心理思路讓客戶依循。

心理會沿著阻力最小的路線去運作——要確定你的「路線」方向正確。

有的時候朋友會建議你去拜訪某個人，而且他已經和對方提過你的商品，也許你會發現這時候往往不太需要初步的談話，才開始聊沒多久就可以進行到結案的階段。在這種情況下，客戶往往不需要你的協助，他會「自行結案」——不必慫恿，他就是想要那個東西。當你遇到這種情況的時候，把它視為理所當然，然後敲定這筆買賣就像客戶主動來找你買東西一樣。而且在每一個和任何情況下，如果你看到客戶已經「對自己結案」了，要立刻把握住機會，然後你會發現，這個階段已經來到你眼前了。畢竟，發現結案的「心理最佳時機」的過程，就像在求偶過程中以直覺找出「求婚」的心理最佳時機一樣。在求偶過程中的某個時刻這種心理最佳時機會浮現出來——然後就是「結案」的時候了。同樣的道理也適用於推銷術，這大多是一種感覺的問題。

還有，要記住，推銷就像求偶一樣，「懦夫難贏美人心」，幸運之神眷顧勇者。

當你感覺到客戶在當下的心理衝動時——趕緊介入！別害怕，記住以下的對句：

「輕輕拿起蕁麻，它會刺痛你。堅決果敢的拿起它，它軟弱的像是殘兵敗將。」

當心理最佳時機到來時，把恐懼驅逐出你的腦海。拿出氣魄，放手一搏。你遲早要奮勇向前地擔起「提議」的風險——此時不做，更待何時呢？你已經盡力了，現在只管向前走。振作起來，像個男人一樣的把握住機會。但是千萬不要做得好像在碰運氣似的——維持你的自信的心理態度，因為這些心理狀態是會傳染的。

就算盡了一切努力之後，客戶的最終決定仍是否定的，你也不要感到灰心。如果你認為可以靠著再多一點的說服來反轉決定，務必要去做。許多戰役是在看似失敗後才反敗為勝；沒有少女會期待她們心中風度翩翩的小伙子把第一個接受的

「不」當成最終的答案——許多購買者的心理也是如此。少女和客戶在某種程度上都會忸怩作態，需要再多一點點的哄誘。許多客戶直到「最後上訴」時才鬆口——他們就像拜倫筆下的女主角一樣，「說她永遠不會同意，或被動同意。」

但是如果「不」是最後的答案，就溫順地接受，不要顯得憤恨不平，或擺出一副「我改天還會再來」的神情，禮貌地向客人說再見，然後離開。許多後續的買賣就是這樣促成的——而許多流失的訂單是因為業務員表現出乖戾的性情。一般人都喜歡賽局中的鬥士，並且尊重「有風度的輸家」。別放棄任何只缺臨門一腳的事情，但若已成定局，就有風度的和勝利者握手，然後著手計畫下一個案子。在挫敗下的良好天性和爽朗個性，從不會交不到朋友，而且總能卸下敵人的心防。

如同我們之前在別章提過的，在決定和行動之間，有時候會有一個勾子。有時候客戶會心生拖延的念頭，並且企圖推遲下訂。試著以立刻「拿下訂單」來克服這種情況，在這個階段裡不要有任何的耽擱。如果訂單不需要簽名，就盡快在你的訂單本中記下這筆訂單。把訂單準備好，放在手邊，才不致於出現臨時讓客人等待的窘況。盡量避免產生等待的空檔，一氣呵成，然後結束。

假如訂單需要簽名，就依照常規地去處理，不要用請求幫忙的態度或表現得好像還需要說明理由似的。把這件事視為理所當然，就像雙方已經達成協議一樣。不要說：「等一下我要請你簽名」之類的，只要簡潔地說：「請在這裡簽名」。把筆放在暗示的方位，他順手的方向，同時指示他簽名欄的位置。有些業務員甚至會用筆去觸碰簽名欄的底線，讓墨水流出來，暗示便隨著那個動作開始運行。另外有些人進行得很平靜，像是：「布蘭克先生，讓我們看看，你的收件地址（或街道名稱）是什麼？」再加上，「我們大概可以在某某日期左右拿到貨。」在業務員說話的時候，他們已經填好了訂單。接著，業務員用講求實際的態度把訂單放在客戶面前，指著簽名欄，然後說：「布蘭克先生，現在請您在這裡簽名。」這樣就結束了。

身邊隨時準備好訂單或訂單本和筆，避免臨時到處找筆或訂單，或同時找這兩種東西——這是方向錯誤的暗示。有些業務員把筆放在訂單本上，並且在和客戶談話時輕鬆地放到他們面前，另外有些人則以同樣的方式把筆放在訂單本旁邊。柯林斯說：「美國中西部幾大報社之一有一所訓練招攬訂閱人員的學校，這家報社有一批書是透過年訂閱的方式販售的，招攬人員所接受的是老套的銷售技巧，用死背的方法記下說詞。在確保客戶要簽名的關鍵時刻，業務員依所學的技巧從口袋中拿出鉛筆，然後顯然是故意掉到地上的，他一邊把話講完一邊彎下腰把筆撿起來，然後理所當然的放到客戶手上。十次之中有六次，客戶會毫無異議的簽名。」這裡所運用的心理學方法顯然是讓客戶懷有異議的心理分心，把他的注意力轉移到重新找到的筆上。有的業務員也跟進，用了另一種類似的手法，他帶了一支大墨水筆，在末端纏上一條橡皮筋。在聊得開心的時候，業務員把筆掉在客戶的桌上，就在他的手邊。橡皮筋讓筆掉得無聲無息，也防止它亂滾。據說客戶通常會不自覺的把筆撿起來，然後拿到已經四平八穩的擺在他面前的訂單本上，就在和業務員專心談話的同時，他在訂單上簽下了名字。這些方法被運用在能夠彰顯它們價值的地方，也闡明了心理學的原理。私底下，我們並不喜歡這些方法，而且偏好正統的墨水筆，會用「含有暗示的角度」禮貌地把筆遞給客戶，可能還會用筆尖指著簽名欄，表示「請簽在這裡」。

在所有訂單需要簽名、寫收據等等的情況中，所需注意的是讓客戶覺得過程愈簡單愈好。盡量不讓他覺得有什麼東西礙手礙腳的，避免給他「繁文縟節」、拘泥於形式、「不可動搖的契約」等負面的暗示。作事的原則要像跟爸爸要錢的年輕人一樣，把「二十塊，謝謝」說得乾脆俐落，就好像在要二十分一樣。刪去任何耽擱時間和爭議性的項目，採取「一路到底」的心理態度和程序模式。

關於在決定和行動之間的時間間隔上常被議論的傷腦筋問題，以及常常無法將決定化為行動的矛盾——對於業務員來說，這種情況在結案中非常關鍵——我們要請你閱讀以下由著名的心理學家威廉．詹姆斯教授（Prof. William James）所寫的一段文字：

「我們都知道在寒冷的早晨從沒有爐火的房間的被窩裡起床是什麼感覺，以及我們內心的本意是多麼抗拒這種折磨。也許大部分的人都有早晨在床上賴了一個小時的經驗，因為一直無法鼓起勇氣決定起床。我們想著我們會多麼晚到，那天要做的事會變得多糟。我們對自己說：『我一定要起床，這太丟臉了，』等等，但是溫暖的被窩感覺太甜蜜，被窩外面的冷空氣太殘酷，然後那股毅力愈變愈小，似乎在準備抗拒和決定行動的邊緣掙扎，就這樣一而再、再而三的拖延。那在這種情況下，我們又是怎麼起床的？假如從我自己的經驗來推斷，我們大多時候根本不需要任何掙扎或決定就起床了。我們突然發現我們必須起床，幸好突然喪失意識，我們忘了冷熱，我們一心惦記著那天裡要做的事，它們一幕幕閃過我們的腦海，『哈囉！我不能再賴下去了』——就在那個幸運的瞬間，一個念頭激起『別再矛盾或躺著不動』的暗示，然後立即產生適當的動力效果。是我們對冷熱的敏銳知覺麻痺了我們的活動，然後使我們起床的念頭停留在希望而非意志的狀態。當這些抑制性的念頭停止時，原來的想法便發揮作用了。這個狀況在我看來，就相當於整個決定心理學的縮影。」

關於把決定化為行動，詹姆斯教授在另一篇文章中又額外給了以下的線索：「我們姑且把心理動力釋放前的想法叫做『動力信號』……不管那個信號是什麼，無疑的，都可能有一個或許清楚或許模糊的印象。」

然後我們可以看出，鬆掉行動的彈簧的「動力信號」——發射意志的心理板機——也許就是暗示給心理的某種模糊想法，就像瞥見斜放著的筆和訂單本一樣。那個想要起床又覺得不想起床的人，他的心理因此變得呆滯。這時候如果有人對他說：「嘿，該起床了，」或者外面的聲音或景象突然間引起了他的注意，他也許就立刻從床上爬下來了。如同我們之前說過的，在馬的耳朵裡塞一張紙團，會讓牠忘了停蹄不前的壞習慣——那改變了牠當下的想法。任何新的衝擊，都很容易讓一個人跨越反覆著「我想—但我不要」的心理猶豫。你也許已經了解這種情況的心理學——你必須仔細研究如何運用才能符合你自己的需要。學習在你的客戶面前拿出讓他們爬下床的東西，學習去把揉成團的紙塞到他的耳朵裡，來克服他的裹足不前。藉著提供他一個「清楚或模糊」的心理印象，來給他「動力信號」。就像在溪邊害怕得發抖的男孩，他只需要有人「推他一把」，讓他放膽嘗試。然後他會呼喚其他同伴：「來吧，沒問題的。」

現在到了最後階段：你簽下了訂單，但是你必須繼續你的心理態度，直到你消失在客戶的視線裡。不要矯情或變得感傷，我們看過有的業務員會這樣。維持一貫的平衡，禮貌地向客戶道謝，但是不要像接受施捨那樣。讓他一直到最後都對你保持良好的印象和尊重，讓他維持從你心理發散出來的種想法：「我為這個人做了一件好事。」客戶會感應到這些微妙的振動能量，然後他也會覺得自己做得很好。避免「哇，我弄到這筆訂單了，好吔，好吔！」的心理態度，有些業務員在登記了訂單之後便毫不掩飾地這樣顯露出來。客戶也會感應到這些振動能量，然後產生反感——他自然會感到厭惡。簡單地說，你遵照老業務員樸實但符合科學的建議就對了：「維持你糖衣般的外表到最後一刻——在客戶在嘴裡留下甜美的味道。」在最後一刻留下的印象，要跟第一印象一樣的好。

但是——也要記住這點——當任務結束後就離開了。買賣成交之後不要在客戶的辦公室或店裡逗留，不要以為你可以在那裡找到新的推銷對象，然後從頭再玩一遍。你要知道自己來這裡是做什麼的——現在該離開了！如馬克本所說：「當結案達成時，應該在最短的時間裡但不被認為唐突的情況下離開客戶的地方。在『說服一個人完成交易』之後，業務員應該保持謹慎地不使對方反悔。有句老話說：『交易完成之後無需再誇耀商品。』這句話有多老套，它就有多真實。在這一點上柯林斯說得很貼切：『解釋型的業務員也許實際上已經成功的把商品推薦給客戶了，但是一直講一直講，講到客戶失去購買的興致而不自覺……舉例來說，不久前的一個午後，一名業務員把價值一萬一千元的布料賣給一位重要的大商人，在確定拿下訂單之後他仍然維持友好的閒聊，這讓商人有了重新思考的時間，於是取消了訂單。另一名業務員的業績總值累計達二十五萬元，靠的是極致的銷售能力，他一直遵守著一個絕妙的規則：『把東西賣給客戶之後，搭第一班火車出城。』如果幾個小時之內都沒有火車，他便藉口交易已經結案，然後消失。他說：『如果我拿到訂單還在附近逗留的話，毫無疑問，有一部分會被客戶取消或修改，或是使我一部分的努力做白工。就算沒有其他問題，有些客戶會利用我拿到訂單的好心情，試圖從我身上擠出額外的好處。』在搞定交易之後，從客戶的視線中消失。」

親愛的讀者，請採納我們的建言，該說的我們都已經說了，並且完成「結案」，現在是我們要離開的時候。我們謝謝你的閱讀，同時也覺得「為你做了一件好事」。

亞當斯密 02

頂尖業務員都是心理學家
心理學大師親傳，讓客戶無法拒絕的銷售心理聖經
Psychology of Salesmanship

作　　者　威廉・沃克・阿特金森（William Walker Atkinson）
譯　　者　張家瑞

堡壘文化有限公司
總 編 輯　簡欣彥
副總編輯　簡伯儒
責任編輯　簡伯儒
行銷企劃　曾羽彤、游佳霓、黃怡婷
封面設計　萬勝安

出　　版　堡壘文化有限公司
發　　行　遠足文化事業股份有限公司（讀書共和國出版集團）
地　　址　231新北市新店區民權路108-2號9樓
電　　話　02-2181417
傳　　真　02-2188057
Email　service@bookrep.com.tw
郵撥帳號　19504465
客服專線　0800-221-029
網　　址　http://www.bookrep.com.tw
法律顧問　華洋法律事務所　蘇文生律師
印　　製　韋懋實業有限公司
初版一刷　2020年4月
初版46刷　2024年1月
定　　價　新臺幣300元

國家圖書館出版品預行編目（CIP）資料

頂尖業務員都是心理學家：心理學大師親傳，讓客戶無法拒絕的銷售心理聖經／威廉・沃克・阿特金森（William Walker Atkinson）著；張家瑞譯. -- 初版. -- 新北市：堡壘文化, 2020.04
　面；　公分
譯自：Psychology of Salesmanship
ISBN 978-986-98741-2-0（平裝）

1. 銷售　2. 行銷心理學　3. 職場成功法

496.5　　109003046